智元微库
OPEN MIND

成 长 也 是 一 种 美 好

最後まで、あるがまま行く

活好 2

105岁国宝医师的生命日志

〔日〕日野原重明 著

甘茜 译

人民邮电出版社

北京

图书在版编目（ＣＩＰ）数据

活好. 2，105岁国宝医师的生命日志 / （日）日野原
重明著；甘茜译. -- 北京 : 人民邮电出版社，2021.1
ISBN 978-7-115-55317-1

Ⅰ. ①活… Ⅱ. ①日… ②甘… Ⅲ. ①人生哲学－通
俗读物 Ⅳ. ①B821-49

中国版本图书馆CIP数据核字(2020)第223108号

版 权 声 明

◆ 著　　　　[日] 日野原重明
　 译　　　　甘　茜
　 责任编辑　王振杰
　 插 画 师　周梦婕
　 责任印制　周昇亮

◆ 人民邮电出版社出版发行　　北京市丰台区成寿寺路 11 号
　 邮编 100164　电子邮件 315@ptpress.com.cn
　 网址 https://www.ptpress.com.cn
　 天津千鹤文化传播有限公司印刷

◆ 开本：880×1230　1/32
　 印张：5.75　　　　　　　　　 2021 年 1 月第 1 版
　 字数：72 千字　　　　　　　 2025 年 3 月天津第 9 次印刷

著作权合同登记号　图字：01-2020-5371 号

定　价：49.80 元

读者服务热线：（010）67630125　印装质量热线：（010）81055316
反盗版热线：（010）81055315

本书由日野原重明发表在《朝日新闻》的《任我前行》专栏上的连载文章汇编而成。

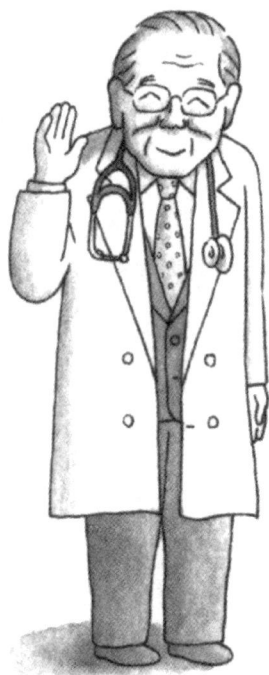

译者序

大家好，我是《活好》的译者甘茜。《活好》出版后，受到了广大读者的喜爱。至今仍有很多读者在各大网站发表他们最真挚的感想和点评，还有一些朋友会在读书群里朗读其中的片段，分享自己的感受。得到这么多人的共鸣和喜爱，令我感到非常幸福。日野原重明先生临终前竭尽全力想要留给后人的话语，已经走进了千千万万读者的内心深处。他的话质朴、含蓄而厚重。

随着人均寿命的延长，"百年人生"将不再是神话。我们需要对此重新做出规划，认真思考如何让自己的后半生过得更有意义。日野原先生一直坚持对孩子们说："生命存在于我们能够支配的时间里，应该尽可能地把时间用在那些需要帮助的人身上。"他是全世界执业时间最久的医师之一，103岁高龄时仍坚持每周抽一天时间给患者看病。他还是知名畅销书作家、演说家，每年参加超过100场演讲。他提倡健康生活，为了呼吁世界和平而四处奔波。临终前，他竭尽全力接受了为期一个月的采访，忍着身体的疼痛坚持用语言传递一生的感悟。他说："死亡总是围绕在我身边，如影随形。因此，对我来说，每一分、每一秒，都只能用"宝藏"一词来形容。"我们每个人都应该在无法抗拒的衰老中，找到生命的意义。日野原先生还在书中分享了自己多年来控制体重的措施，强调及早预防骨质疏松的重要性。积极的心态和健康的体魄是实现"百年人生"的法宝。日野原先生用自己的实际行动为我们演绎了"活好"的真正含义。

《活好2》由日野原先生发表于日本《朝日新闻》上的文章汇编而成，记载了他100岁之后身心的各种变化以及他勇敢面对身体的衰老、始终积极乐观"抬头向前进"的生活态度。日野原先生每次出门的时候，都会根据季节变化和自己的心情选择相应的外套和领带，他认为年老不等于邋遢，身体的"衰老"和心的"衰老"不是一回事。无论处在哪个年龄段，人都应该注重自身形象和礼仪，以一种被人信赖的风格，堂堂正正地站在别人面前。他坚持挑战新事物，一旦宣布了自己的梦想，就言出必行。他100岁时开始写俳句，记录日常生活的瞬间，102岁时出版了自己的诗集和童话绘本，103岁时第一次挑战骑马，105

岁生日那天，他的新书《我是个顽固的孩子》出版，这一年，他与鲍曼女士共同撰写的《日野原重明论领导力》一书也出版了。日野原先生每天晚上会把身边发生的正面、鼓舞人心的事情，在日记里记录下来，睡觉前反复回忆这些温馨的画面，让自己带着积极快乐的心情安然入睡。《活好2》堪称教科书级别的"新老人生活手册"。

日野原先生很喜欢禅宗大师铃木大拙老师对"顺其自然"的解读，自己也坚持不被特定的事物所困扰，让一切像流水一样在心中静静地流淌。他平时与家人、朋友相处时，总是不露痕迹地温暖着对方，以一颗宽容和柔软的心带给周围人能量，同时也让自己获得了无穷的力量和勇气。在快节奏的今天，如果我们每个人都能放慢自己的脚步，静静地思考能为身边的人做点什么，那这个世界一定会变得更加美好。

翻译本书时我经常会停下来思考，如何才能像日野原先生那样，无论遭遇什么，都能把压力和困难变成积极向上的动力，让自己每天心生喜悦，带着对世界的善意，相信和拥抱美好人生。我常常感觉自己就像身处洒满阳光、暖洋洋的大客厅里，围绕在老爷爷身边，一边看着庭院里的树叶随风轻轻摇曳，一边静静地听他娓娓道来。一本好书在手中，犹如在身体里注入一股能量，让人热血沸腾；又如捧着一束鲜花，芬芳扑鼻，沁人心脾；更像尝了一口精美的点心，唇齿留香，回味无穷。

只要心中怀着美好的愿景，生命之花就一定会长久盛开。

甘茜

2020 年 10 月 31 日

目录

活好
2

第一章 101 岁，坚持时刻向前

第二章　102 岁，与轮椅为伴的日子

第三章 103 岁，不必太在意身体的衰老

第四章 104 岁，我的心思

第五章 105 岁，顺其自然好好活

附录 日野原先生的一生

第一章 / 101 岁，坚持时刻向前

（2012 年 10 月 4 日—2013 年 10 月 3 日）

活好
2

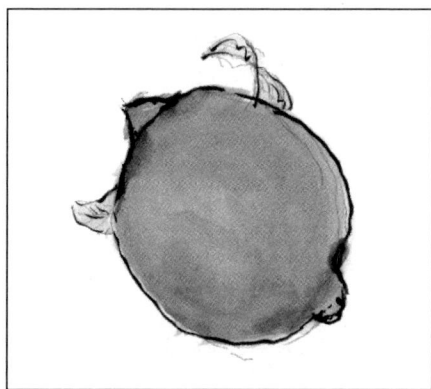

根据日野原重明先生书房中的记录统计

当天往返的演讲　98 次

需要外宿的演讲　29 次

海外出差　　　　1 次（美国 7 日行）

新添辅助工具　　拐杖

2012 年 10 月，先生在第一生命礼堂举行的"庆祝日野原重明 101 岁寿诞之夜"庆祝活动中迎来了他 101 岁的生日。生日这天，日野原先生根据他的人生哲学创作的《使用生命的方法》正式发行。在 10 月世田谷区成立 80 周年的纪念典礼上，先生被评为世田谷区名誉区民，并获表彰。在这一年年末的红白歌会现场，日本放送协会（NHK）向全国观众直播了超人气演唱组合"岚"的成员樱井翔先生对日野原先生的采访，先生在节目最后还精神抖擞地为他们加油鼓气。①

2013 年 2 月，先生因椎骨骨折住进医院，经过骨水泥注射治疗后，他的身体稍有好转，便立刻开始工作。一般人无法想象他的工作日程安排得有多满。他像以前一样拼命工作，一个月只休息三天左右。

这年夏天，日野原重明先生在美国，平生第一次尝试乘坐直升机在曼哈顿上空观光旅游。

不过，骨折痊愈之后，先生出行时已经离不开拐杖了。

---

① NHK 每年都会举办红白歌会，全称为红白歌合战，这是代表日本最高水准的歌唱晚会。参赛者都是从日本歌坛中选拔出来的当年最有实力、人品好，并受到广大歌迷喜爱的歌手。晚会按照性别将歌手分为两队，其中女歌手组成红队，男歌手组成白队。

——译者注

101 岁生日，一下子收到两个惊喜

（2012 年 11 月 10 日、17 日）①

10 月 3 日晚上，在我 101 岁生日的前一天，人们为我举办了"庆祝日野原重明 101 岁寿诞之夜"活动来庆祝我的生日，会场座无虚席。

我穿着淡紫色西装登上讲台，这是我为当晚的活动特意准备的新衣服。当晚的发言以"和平的信息"为主题，中心思想是我今后的活动都将围绕倡导和平展开。当今世界，一些政府各执己见，导致部分地区局势的紧张程度不断升级，不知道什么时候才能缓和。

7 年前，我开始在国内外的小学举办生命课堂讲座，向小学生们宣传和平的重要性，同时也呼吁所有人一起抵制校园霸凌事件。我恳切地跟孩子们说："欺负小朋友的人，以后可不能再这么做了哦！""试着与

---

① 该日期为文章首发日期，后同。——编者注

小伙伴和好，一起去玩吧！"我在讲话中说，我的目标是在国内每一所小学都举办这样的讲座。

生日会上，大家为我准备了两份惊喜礼物。一份礼物是我崇拜的日本女足守门员海堀步美比赛时的球衣和守门员手套，上面还有她的亲笔签名。我在讲台上一收到这份礼物，就立刻把球衣套在身上，把大大的手套也戴上，感觉自己立刻化身为海堀步美。我抱住抛过来的足球，再把这个足球踢飞，我并不潇洒的动作引来了观众席的阵阵笑声与欢呼声。那一瞬间，我感觉自己成了一名受人追捧的笑星。

这样说起来，当我出现在新干线快车车站和机场时，越来越多的人认出我，打招呼、握手、签名还有合影等要求使我应接不暇。我给大家留下了印象，我当然非常高兴，但实际上也有不那么自在的地方，例如每天早上，我必须像明星一样打理自己，关注自己的西装和领带搭配得是否妥帖，有时还要考虑配上合适的装饰手帕（插在西装胸袋处）。不仅如此，我还要尽力时刻保持"101岁依然精力充沛"的状态。有时候，我一放松身体就会向前倾，但一想到自己会被大家关注，就立刻挺直身躯，重新保持精神抖擞、抬头挺胸的状态。拜托大家看在我每天努力到这种程度的份上……还请多多关照。

第二个惊喜是，有人在现场演奏了由我谱写的钢琴曲《夜曲》，这是我在 20 多岁因肺结核疗养时作的曲子。我自幼学习弹奏钢琴，即使生病躺在病床上，我也会一边听唱片，一边把听到的乐谱记下来。在那一时期，我突然有了"谱曲"的冲动。现在再听当年创作的这首曲子时，我感觉自己深受德彪西和肖邦的影响，我非常喜欢这两位音乐家的作品。在生日活动现场，巴尔干室内管弦乐队和圣路加国际医院的员工们组成了圣路加交响乐团管弦乐队，大家一起完成现场演奏。因为这是我 101 岁的生日，他们还专门演奏了《海顿 D 大调第 101 交响曲（Hob.I：101 "时钟"）》为我庆生。

我也登上指挥台，指挥他们演奏了老约翰·施特劳斯的《拉德斯基进行曲》。维也纳爱乐交响乐团管弦乐队每年都会在维也纳新年音乐会上演奏这首曲子，听众们会跟着节奏一起用手打拍子来参与其中。我来回转动身体，时而面向管弦乐队，时而面向观众席，手上还示意着拍子的强弱。演奏结束后，好多听众对我说："我的心提到嗓子眼了，担心您会不小心踩空，在指挥台上摔倒。"而我当时将全身心投入在了指挥音乐上，对这种危险没有一丝顾虑。

　　我在讲台上一收到这份礼物，就立刻把球衣套在身上，把大大的手套也戴上，感觉自己立刻化身为海堀步美。

与胸椎骨折抗争的日记

（2013 年 4 月 13 日、20 日）

　　虽说生老病死是很常见的，但我也常听说有些人因疾病倍感痛苦，感觉"生不如死"。我最近因为胸椎骨折经受的痛苦，简直难以用言语形容。"极度痛苦"这个词与我感到的疼痛相比，仍然显得轻飘飘的、分量不足。我能做的只有屏住呼吸，咬紧牙关，经受这种任何痛苦都无法与之相提并论的折磨。

　　相对来说，骨质疏松的人更容易发生骨折，所以我每年体检时，特别追加了对骨密度的检查。结果显示我的骨密度状况"超过了 70% 的 60 岁以上的男性"，对于 101 岁的老人来说，我一直想当然地认为这算是一项结果非常不错的指标。可后来，这种天真的想法被证明完全错误。

　　实际上，我属于骨质疏松症患者中的一员。

　　2 月上旬，因为支气管炎发作，我不停地大声咳嗽，除了咽喉疼，还伴随着胸侧骨头的疼痛感。一天过后，我胸骨的疼痛发展为剧烈的刺痛。磁共振成像（MRI）检查结果表明，我背部胸椎的第11根椎骨发生了骨折。

在人口老龄化日益严重的日本，大概有1000万以上的人患有骨质疏松症。对上了岁数的人来说，骨折不是件稀奇的事情。虽然我知道患病人数极多，但从未想过自己也会亲身体验这样的痛苦。

胸椎骨折的患者通常会去骨外科急诊室就诊，然后住院三个月，一边服用镇痛药，一边卧床休息，等疼痛缓解后，就可以回家休养。现在开发出一种微创修复手术，做这种手术后只需要静养短短两三天就可以回家了。

我趴在配备局部透视功能的放射线床上，背部局部麻醉后进行了手术。手术时，我能感觉到注射针头在我背部注入了药剂，虽然当时紧张不安，但其实没有感觉到任何疼痛。

检查结果显示，我的骨密度在同龄人中较高，所以我对自己的身体状况非常自信。现在想想，我应该好好反省是不是有点自大了。转念一想，接受一次最先进的手术，也算收获了一次难得的人生体验。正如之前被告知的那样，手术后，我的疼痛感立刻烟消云散，我又能开始演讲和写作了。

身体疼痛一定要"小题大做"，这是尽早发现疾病的契机。尽早发现，尽早治疗，疾病的发展才会被迅速遏制。我们每个人都应该警惕，留心观察身体状态的变化。

骨折康复，继续全国巡回之旅

（2013 年 7 月 6 日）

每年元旦，会有近 300 万人聚集到千叶县成田山新胜寺，以祈求新一年的平安。5 月下旬，新胜寺的旧本堂和药师堂修葺完成，我应邀做纪念演讲。

我从东京家中坐汽车前往，当车驶离高速公路的富里出口时，我突然想起一段往事。第二次世界大战（后文简称"二战"）后，现在的富里市（当时还被称为富里村）还处于"无医疗资源"的落后状态，我每周日会带着药品和营养液等，到村里进行无偿诊疗。

当天演讲的主题是"关于健康长寿，一些值得推荐的好习惯"。听众们正襟危坐，把 480 叠①大小的演

---

① 日本用榻榻米的块数计算房间面积，一块称为一叠，一叠相当于1.62 平方米。

——译者注

讲厅坐得满满当当。演讲中，我首先把前些日子亲身经历的胸椎骨折以及在圣路加国际医院接受微创手术的情况一一介绍给大家。我对他们说，手术结束才一个半小时左右，剧烈的疼痛就消失了，我立刻就能站起来走动。为了鼓励大家勇敢接受手术，我劝慰他们："骨质疏松的人，万一以后遇上骨折的情况，就可以尝试接受这种先进的治疗方法。"

2013 年，日本 100 岁以上的老人大约有 5 万人，其中 87% 的长寿老人是女性。令人遗憾的是，她们中的大多数人每天都处于卧床不起的状态。而所谓"健康寿命"指的是能够生活自理的平均年龄。日本厚生劳动省的调查报告显示，现阶段日本男性的平均健康寿命是 70.42 岁，日本女性的平均健康寿命则是 73.62 岁。健康的"健"字，是"建"字的左边加了单人旁。对建筑物而言，坚实的地基必不可少；对人来说，无论是自如地行动，还是身处逆境仍保持心志坚定，都离不开良好的身体机能。

我要强调，保持良好的身体机能，要重视体重控制，理想的状态是维持 30 岁左右时的体重。我 30 岁时的体重是 60 千克，为了保持体重，至今我依然坚持每天控制饮食。对运动量较小的人和高龄者来说，我建议大家将每日摄取的食物总热量控制在 1600 卡路里① 以内。

演讲结束后，听众们都站起来热烈地鼓掌，我当时就像开完音乐会一样，内心充满感激与喜悦。能从骨折的痛苦中逃离，这种感觉真是太棒了。能去全国各地巡回演讲，又能增加与美好相遇的机会，我由衷地感到满足。

还有两个月我就满 102 岁了。我告诉自己，不管遇到怎样的压力，都要把这种压力变成积极向上的动力。其实每天忙于四处演讲和写作，我难免会产生精神负担。但是我转念一想，大家需要我，意味着我对这个社会还有价值，这让我发自内心地感到满足。我的精神负担自然而然地转为良性动力。

在漫长的人生道路上，我遇到了各种各样的苦难和压力。1970 年，我遭遇了"淀号"劫机事件。我被困在机舱内整整四天三夜，在对死亡的恐惧中度过了最煎熬的时刻。最后，当时的日本运输政务次官山村新治

---

① 热量单位，被广泛应用在营养计量方面。——编者注

郎以自己作为人质，让绑匪释放了包括我在内的约 100 名乘客和机组人员。当我走下飞机舷梯，踏上韩国金浦机场土地的那一刻，深深地感到自己脚下踩着的是一片"给予人希望和生命力的土地"。我在身心遭受巨大冲击后，最先感受到的是驱使我向上的动力，然后感觉全新的生活随之开始。我真正体会到了何之谓劫后重生。

加拿大生理学家汉斯·塞利博士首次把应激（stress）这一概念引入医学和心理学研究领域。应激就是压力，这个术语一开始主要用于工程学。从两侧用力挤压铅棒，棒子会弯成日语平假名"く"的形状。这种现象被塞利博士用来形容人类的心理反应。当人受到痛苦的、紧张的心理重压，进而出现应激反应时，他的脑垂体、肾上腺等内分泌腺会分泌激素，给身体带来糟糕的影响和后果，不仅会引起血压异常升高，还会引发糖尿病、胃溃疡、免疫力降低等症状。

塞利博士晚年时发现，应激反应也有好的一面。他将此现象命名为良性应激（eu-stress，生物体不可缺少的原动力之一）。比如，帆船遭遇逆风时，只要改变船帆的方向，向风吹过来的一侧倾斜，一样可以抢风行船，同样，人也可以想办法，把施加于自身的压力向积极的方向转变。

对我来说，踏上金浦机场地面的第一步，就像1969 年美国宇航员阿姆斯特朗代表人类踏上月球的第一步时涌现的感觉。这么多年，我回想起来，那种感觉记忆犹新。

　　我在身心遭受巨大冲击后，最先感受到的是驱使我向上的动力，然后感觉全新的生活随之开始。我真正体会到了何之谓劫后重生。

101 岁克服恐高症

（2013 年 10 月 5 日）

我每年都会到美国访问。我 101 岁那年夏天，在纽约逗留期间，我漫长的人生中发生了一件特别值得纪念的事情——我居然克服了恐高症。

我虽然经常坐飞机，但一直有恐高症。每次乘坐高楼大厦的观光电梯时，我绝不会朝着外面的方向站立。如果不小心朝向窗外，看到了外面的景色，我的脚就会立刻开始颤抖。可这个夏天，我决定鼓起勇气挑战自我——我选择乘坐直升机在曼哈顿上空观光旅游。刚开始打电话给观光公司时，他们以"乘坐人员最高年龄不超过 99 岁"这个理由拒绝了我的预约。孩子们诚挚地再三恳求："这位老人虽然将近 102 岁，但身体非常健朗，特意从日本过来观光，就请通融一下吧。"对方终于松口了，但要求同行的二儿子的媳妇与我一起乘坐直升机。单人观光机票的费用是 135 美元（当时相当于 13 000 日元）。

我们在纽约归零地^①附近的直升机机场集合，经过安检后，驾驶员和 6 位乘客一起坐上了直升机。螺旋桨轻轻地旋转，飞机很快离开地面朝着纽约北部的上空飞行。飞机首先到达哈得孙河口自由女神像附近的上空。我透过舷窗向下看，能清晰地看到被河包围着的曼哈顿岛。接下来，飞机朝着帝国大厦的方向飞行，能看到纽约中央公园，再往北飞能远远地望见跨越哈得孙河的乔治·华盛顿大桥，然后飞机开始返航，最后在机场顺利降落。

15 分钟的飞行结束后，我发现自己竟然对这次航行产生了恋恋不舍之情，整个人因冒险和开心而心潮澎湃，一点也没有往常那种悬着心的"恐怖"感觉。离开直升机停机坪时，我感觉自己被激发出了更多的热情与干劲。"到明年这个时候，估计不用休息，我能一直工作。"鼓起这样的精气神，自己的身体一定能保持健康。

我情不自禁地吟咏了一句：

"101 岁喜登直升机，飞越曼哈顿。"

---

① Ground Zevo，指在"9·11 恐怖袭击"事件中倒塌的世界贸易中心遗址。

——译者注

有时候，我一放松身体就会向前倾，但一想到自己会被大家关注，就立刻挺直身躯，重新保持精神抖擞、抬头挺胸的状态。

身体疼痛一定要"小题大做"，这是尽早发现疾病的契机。

尽早发现，尽早治疗，疾病的发展才会被迅

速遏制。我们每个人都应该警惕，留心观察身体状态的变化。

对建筑物而言，坚实的地基必不可少；对人来说，无论是自如地行动，还是身处逆境仍保持心志坚定，都离不开良好的身体机能。

帆船遭遇逆风时，只要改变船帆的方向，向风吹过来的一侧倾斜，一样可以抢风行船，同样，人也可以想办法，把施加于自身的压力向积极的方向转变。

第二章 —— 102 岁，与轮椅为伴的日子

（2013 年 10 月 4 日—2014 年 10 月 3 日）

活好
2

根据日野原重明先生书房中的记录统计

当天往返的演讲　71 次

需要外宿的演讲　15 次

海外出差　　　　2 次（美国 9 日行，英国 8 日行）

新添辅助工具　　轮椅、家用楼梯自动升降机

日野原重明先生 102 岁生日那天，银座中央的区立中央会馆中上演了一场名为"一片叶子的四季"的音乐剧，并举办了与先生的恳谈会作为祝寿的纪念活动。活动后，先生马上开始了为期 9 天的美国考察旅行。先生一如既往地充满活力。

元旦迎新后过了一个半月，先生在出差时不小心被椅子绊倒，摔了一跤，额头缝了 20 针，可只休息了 3 天，他马上又开始工作了，陆续出版了《百岁创作俳句集》和童话绘本《最喜欢的奶奶》。

2014 年 5 月，他去英国参加学术会议时感觉身体不适，之后便开始使用轮椅。先生把轮椅称为自己的"搭档"。工作中，先生一如既往地保持积极向上的态度，同时也在随笔中坦陈心事。

在旅途中抓紧时间写作

（2013 年 10 月 19 日）

我在"新老人会"①的各个分部进行巡回演讲，内容涉及医学知识和人的精神信仰，此外，我还在各地小学举办"生命课堂"活动。即使在异常忙碌的时期，我仍坚持写随笔。

我充分利用路上的时间，浏览新闻，写写随笔、诗歌、俳句，有时也会画上几笔。

为此，我常年爱用"膝上型书桌"——一个下面有垫子的小四方板型桌子，它成了我的"秘密武器"。它非常稳当，让我可以在路上平稳顺畅地写作。这种

---

① 针对日本老龄化现象，2000 年秋，日野原重明先生发起了"新老人会"，呼吁年满 75 岁、身心健康的老人多多参与义务活动，贡献社会；倡导不过度保护高龄者，倡导老年人将那些只有他们才能做事情作为使命去实现。

——译者注

桌子原本是为小孩子设计的，用它边看电视边吃零食很方便，在国外深受孩子和家长的喜爱。

30 年前，一位经常去法国旅行的女性朋友向我极力推荐，她说"这种小桌子用起来非常方便"。她特意赠送了我一张。桌子下面的垫子越用越柔软，仿佛与膝盖浑然一体，我用它写作非常舒服。可有时候我会把它遗忘在新干线、火车或飞机上。这种小桌子产自苏格兰，后来我在东京银座的数寄屋桥店附近发现了卖这种小桌子的店铺，于是我经常去店里购买。我在家里、医院办公室、车里等各个地方摆放，最后一共买了 8 张这样的小桌子。

从医院到家里的路途中，我坐在后排座位上，经常使用小书桌来写作。车子如快艇乘风破浪地疾驶，但我用圆珠笔写字时小书桌几乎纹丝不动。

在新干线上稍微有点不同。东海道新干线与东北新干线、上越新干线相比，颠簸感更强烈。东北新干线基本感觉不到晃动，非常适合写作。

乘坐飞机时，飞机进入平稳状态，座位上方必须系安全带的指示灯熄灭以后，我就会立刻开始写稿子。去纽约的时候，航程的前 8 小时是写稿时间，之后的 3 小时我会侧卧着小睡一会儿。在飞机着陆前 1 小时，我会醒来去一下洗手间，做好到达前的准备。

　　我一般没有所谓的时差反应。我只要在到达当地宾馆的晚上，临睡前服用有助于睡眠的药物，第二天就不会感到困倦和疲惫，因此，没必要勉强自己在飞机上多睡会儿。经常会有各界知名人士向我咨询应对时差反应的方法，这种时候我就会把这个窍门告诉他们。

因过度劳累而做噩梦

（2013 年 12 月 7 日、14 日）

99 岁之前，我一直认为一天睡 5 小时恰到好处。我一周至少有一次会因为写稿而熬通宵。100 岁以后，我考虑到睡眠时间过少可能不利于健康，就开始执行"早睡早起"的作息方针。我每天晚上 10 点左右睡觉，早上 5 点半或者 6 点左右起床，可能这真的是好的生活习惯，所以，到现在我还一直保持着良好的身体状态。

可是 10 月下旬，我却做了一个奇怪的噩梦，那算是我这辈子做过的最可怕的梦。

我 102 岁生日后马不停蹄地去了美国，那时的活动量抵得上平时一个月左右在外奔波的活动量，周围人把我当超人一样看待，但对我来说，这种疲于奔命的状态其实让我的身体超负荷运转。

从 10 月 7 日开始，我在美国西海岸附近逗留了 8

天。回国后不久的 17 日，我又出差去神户演讲，当天就返回。那一天晚上，我感到精疲力竭。回家后，晚上 9 点半我就上床睡觉了，这一觉居然一直睡到第二天早上的 11 点半。算了一下，我连续睡了近 14 小时。这段时间内，每隔 3 小时我就想上厕所，但回来后马上倒头就又能睡着。连续睡了近 14 小时，这种情况在我的人生中算是头一遭。更不可思议的是，现在回想起来，睡着后我的脑海中一直重复做着同样的噩梦。

虽然我平时一直坐私家车上下班，可在梦里，我从工作的圣路加国际医院回家时，却不知道为什么坐上了那种古老的蒸汽火车。我在途中下了车，可是完全不知道回家的路。我迷路了，这时突然映入眼帘的是但丁在《神曲》中描述的炼狱般的场景，我大吃一惊，然后从梦中惊醒。

醒来之后，我开始反省自己是不是太拼命了，可还有很多人等着我去做演讲，这些都是无法推脱的工作安排。为他人鞠躬尽瘁、奉献自己就是我现在的人生意义。之后，我尝试再理出一些头绪，也许是因为最近我的睡眠时间太少，所以做噩梦的概率提高了吧。

14 世纪意大利诗人但丁创作的《神曲》是长篇叙事诗，诗由三部分构成，分别是《地狱》《炼狱》和

《天堂》。炼狱是介于天堂和地狱之间的地方。下地狱的死者，会在地狱里永远接受惩罚。而炼狱是犯有轻微罪过、还可以改过自新的死者去的地方，他们在炼狱里修炼，如果能洗清罪恶，就可以去天堂。

做完这个噩梦，我立刻把它写成随笔，寄给负责《任我前行》专栏连载的那位编辑。她后来通过秘书转告我："日野原先生每天为了大家的健康长寿、为了世界和平四处奔波，如果连他这样关爱他人的人都要去炼狱修行，这种事简直无法想象。请他务必不要因此而心情沮丧。"这位编辑还说："恕我冒昧地揣测，这个梦或许是神灵在给您敲警钟。"

炼狱，是净化傲慢、嫉妒、愤怒、懒惰、贪婪、暴食，贪色7大罪行之所。"先生一生都在竭尽全力地为他人奉献，您对工作的执着和努力，多少算有一点点'贪婪'吧。所以神灵给您看炼狱的幻象，可能是在警告您对工作不要太拼命，以致损害身体。"

编辑还担心我会因此闷闷不乐，事实证明，她多虑了。做噩梦后的第二天，因为要录制NHK电视台的节目《心灵时代》，我走访了金泽市的铃木大拙馆。我在那里看到禅宗大师铃木大拙老师留下的一句话：顺其自然。此言深得我心。

"顺其自然"就是心灵不应被特定的事物所困扰，应如流水一般静静地流淌。为了更好地度过以后的岁月，我决定以一颗柔韧的心来面对一切。

　　我一边喃喃地说着"顺其自然"，一边感到身体上的疲劳和精神上的疲惫居然都不见了。

专心致志地画画

（2013 年 12 月 21 日）

　　进入 10 月以后，工作一下进入紧张的阶段，一直忙碌到 11 月中旬，我才终于能悠闲地在家中自由支配时间。一天早晨，"好久没画水彩画了"的念头突然出现在我脑海里。我翻出原来的画册，看到一幅画有白桦树后面的浅间山的风景画，那是 1981 年我 70 岁时在轻井泽画的。画册里还有一幅风景画，画的是从夏威夷怀基基滩眺望钻石头火山的景色。那时的用色风格让我大吃一惊。

　　70 岁以后的很长一段时间内，我都没有时间再画画。直到 3 年前，我又开始画素描静物。我担任理事长的"生活规划中心"每年都会举办一次展览，展出患者、志愿者和工作人员们自己创作的书画、照片等作品。我也会拿出自己的素描静物绘画参加展览。

　　看完画册，我拿出水彩画用具，尝试画前几天一位病人送给我的一品红。

一品红是用来做圣诞节装饰的时尚花卉。满是红彤彤叶子的一品红原本生长在墨西哥，驻墨西哥的美国大使被这种自由生长的红叶子感动，特意把这种花卉带回美国推广宣传，使之成为家喻户晓的"圣诞红"。

因为久未动笔，素描的技法和色彩的调配对我来说变得有些困难。我足足花了3小时才完成一幅一品红的水彩画。

一位医生朋友的关爱让我在3年前重拾画笔。他不仅劝我画水彩画，还把一整套画具作为礼物送给我。我先仔细观察生活中常见的蔬菜、水果、花卉等，画出素描静物后上色。尝试着画素描以后，我确实感到绘画能使自己身心愉悦，返璞归真。

最近，我家厨房的墙壁上挂着的是我画的三幅水彩画，分别是"野姜""柠檬"和"苦瓜"。我经常会替换着将不同的画挂出来。每幅画我都按它所表现的内容来配置相应的画框。有时候我盯着这些画作欣赏时，会觉得不可思议，自我感觉这些画相当有水准。我觉得自己的画配上精致的画框会更加赏心悦目，效果就像给美丽的女性化妆，更增添其迷人的魅力。

变身"开花的爷爷"

　　每到一处演讲的地方，当地的主办方都会游说我："不要急着赶回家，请再和我们多待几天。"去年 12 月，我到名古屋和京都演讲，都是当天"翻跟头"①往返。"生命课堂"和"新老人会"的活动把我的日常行程占得满满的，所以我常常处于分身乏术的状况。

　　2014 年 11 月底，当我读到编剧内馆牧子在《朝日周刊》的专栏《软钉子》上的连载文章时，我对里面的内容略微有些吃惊。去年秋天，内馆女士因为健康欠佳，在圣路加国际医院住院一个月左右。文章中记述了我专程去病房看望内馆女士并且对她说"今天能看到您很高兴，但后天我要去旧金山演讲"，然后就

---

①　因为蜻蜓在飞行中会骤然改变方向翻身向后飞，所以人们用"翻跟头"这种说法来形容到达目的地后又马上返回出发地的行为。

急忙离开的经历。

当时我确实匆匆见了内馆女士一面。这让内馆女士突然想起之前道听途说的有关圣路加国际医院的"都市传闻"——每到深夜零点，日野原先生走过的地方都会有鲜花盛开。所谓"都市传闻"就是街谈巷议的八卦轶事，因为传八卦的人多了，内容便真假难辨，其实传闻纯粹是捕风捉影。而内馆女士在文章里说，因为她当天晚上睡着了，所以无法断定这个传说到底是不是真的。

传来传去，我竟然成了走路就能"开花"的爷爷！我看到这里时，不禁感到非常开心。这大概得益于我平时与人相处时和蔼可亲的态度吧。

这样说起来，我也想到一件事。东日本大地震后，我很喜欢那首为声援受灾地而专门创作的歌曲《花开了》。这首歌由作曲家菅野洋子女士谱曲，电影导演岩井俊二填词，曲调朗朗上口，歌词铿锵有力。歌曲唱出了当代人想对后世传递的关怀之心，这完全与我心意相通。

我这个每天忙着"翻跟头"，走路能"开花"的爷爷，衷心希望自己就像这首歌中祈愿的那样，能让鲜花在每个人心中绽放，能让世界变得更加光明。

每到深夜零点，日野原先生走过的地方都会有鲜花盛开。

我很年轻呢！102 岁这年的岁末和年初

（2014 年 2 月 1 日）

　　元旦前夕，我受邀参加了在东京日本桥的宾馆里举办的跨年晚会。

　　跨年这一天，很多年轻人会以舞蹈或音乐会的形式庆祝新年的到来，102 岁的我也不甘示弱。我穿上自己喜欢的西装，戴上"2014"形状的墨镜，头戴魔法尖顶帽，西装外面再套上奇装异服，脖子上挂着花环，和晚会现场的所有人一起兴高采烈地倒数，等待新年的来临。还有 30 秒、10 秒……我感到心潮澎湃，和所有人一起高喊："10、9、8、7、6、5、4、3、2、1、0！"

　　新的一年开始了！会场上奏起欢腾的摇滚乐和嘻哈音乐，我率先出场跟着节奏跳起舞来。我和在场的年轻人、老年人（他们都比我年轻）、女性拉着手，一起跳着活泼而充满激情的舞。我跳了很长时间，凌晨 1

点时才坐上二儿子的车回家。

1月4日那天，我也体验到了开心的感觉。我在家附近的超市里打年糕。轮到我的时候，我一边喊着"嘿呦"的号子，一边拿木杵敲打年糕。那一瞬间，我感觉自己回到了少年时代。这时突然有个小学生年纪的男孩走到我身边，问候了一声"先生好"。

我问他："你是谁呀？"他自我介绍说："我是您的读者。我今年10岁了，我读过您写的书——《写给10岁的你——来自95岁的我》。"他严肃的神情让我很吃惊。他只有10岁，却专门跑过来认真地向我表达敬爱之情。"我曾经十分烦恼，看了您的书以后，心里重新燃起了希望。"他郑重其事地说。在元旦假期里，这次意外的"邂逅"成为我收到的最好的礼物。

虽然说，不管碰到什么状况，我都会自信又志气昂扬地说"我还很年轻"，但实际上，我也不是样样事情都得心应手。有天晚上，我想学会使用苹果手机，于是请家人指导我。

可不管我怎么努力，就是学不会自己操作。连10岁的小孩子都能把智能手机操作得的得心应手，但这对我来说困难重重。我不得不在心里承认："毫无疑问，我确实是上年纪了。"

　　我一边喊着"嘿呦"的号子，一边拿木杵敲打年糕。那一瞬间，我感觉自己回到了少年时代。

这次真的摔倒了

（2014 年 2 月 15 日）

我在圣路加国际医院担任理事长一职，可最近我却被紧急送入这家医院的急救中心。在 2014 年 1 月 14 日的傍晚，东京平河町的"新老人会"事务所里发生了一起事故。我想在离开办公室前去上个厕所，就穿上大衣，从椅子上站起来往外走，没想到我被椅子腿绊了一下。我的身体失去了平衡，向前扑倒，摔在了地上。我说着"糟了"，但为时已晚，我的额头重重地撞到了衣帽架的底座上，额头发际处被底座的尖角划破了，引起了大出血。幸运的是，现场有两名护士，我用她们给我的毛巾用力按住额头。

我坐着私家车被立刻送到了医院的急救中心。放射科医生首先给我的大脑做了 CT 扫描。如果大脑硬膜下出现血肿，就会出现压迫神经的症状，就需要做血肿切除手术。

检查结果表明，我大脑中并没有出现血肿，但因为伤口一直在流血，我被转移到了手术室，检查发现是颞动脉的毛细血管出血了，医生立刻为我进行了小动脉内的血管缝合，这才止住了血。额头的伤口大概有10厘米长，缝合了20多针。

受伤后，我抱着"既来之，则安之"的心态，再加上此次手术由我平时一直信赖的两位整形外科医生负责，我愈发安心起来。

那天晚上我被要求留院察看，二儿子夫妇一起陪着我。我一直用冰袋冷敷额头，第二天下午2点就可以回家了。

主治医生和家里人都对我说，至少在周末之前都必须在家中好好静养。于是，我从手术后的第二天开始休息，为此不得不取消了之后三天的讲座和委员会会议。

但对于1月18日这天的德岛新老人会论坛和第二天的音乐疗法学术会议讲座，我坚持说服身边人，"无论如何我都想出席这两个活动"。虽然头部的伤口处还稍微有点肿，但我总算是顺利出席了两个早已安排好的周末活动。

虽然是我疏忽大意造成了这次事故，但克服病痛出席了事先承诺的活动，让我在自责的同时感受到了成就感。我感谢身边同事们当机立断的救治，这次更胜以往地感激大家。但我也在自我反省，以后要更加谨慎小心，因为意外随时都可能发生。

实现百岁梦想

（2014 年 4 月 5 日、12 日）

2012 年，我把我的梦想通过文章公之于众——我要成为一名童话作家。现在，这个梦想实现了，我的第一本童话书终于问世了。女画家冈田千晶画风细腻温暖，在她的协助下，我的童话绘本《最喜欢的奶奶》制作完成，3 月 20 日在日本各地的书店上架销售。

我以常年受到大家热烈关注的话题——孩子的生死观教育为出发点，完成了一本童话绘本《最喜欢的奶奶》。

从 100 岁前后开始，我一直在为成为一名童话作家和童谣作家而努力。这是我从少年、青年时代就一直憧憬的职业。

在这之前，我虽然曾参与完成几本儿童绘本，但从未创作过童话故事。一旦宣布了自己的梦想，那就只有言出必行。"尝试创造新事物"是我规划的老年生活方式之一，也是我认为"新老人"要追求的目标。

10 多年来，我一直坚持在小学举办"生命课堂"活动，目的是向 10 岁左右的孩子们传授生命的宝贵。为什么针对 10 岁左右的孩子们呢？因为太小的孩子们只能看见"现在"。我小时候一直认为每天过着悠闲幸福的日子是理所应当的，但到了 10 岁左右，我逐渐意识到人类的生命会在某天终止，也就是说，我开始明白有"死亡"这回事的存在。这是一个人成长的重要时期。只有开始意识到死亡，人才会更加珍惜现在，才更明白活着的意义。因此，我把对生命的理解确定为第一个童话故事的主题。

我 10 岁那年，第一次意识到死亡。一天晚上，患有肾病的母亲突然开始痉挛。那一刻，强烈的不安掠过我的脑海："妈妈会不会死？"我情不自禁地跑进平时没人的房间，躲在角落里拼命地祈祷"希望我的妈妈平安无事"。我很害怕，却不敢直白地问赶来家中的那位医生"妈妈是要死了吗"，而是谨慎地换了一种问法："您能治好我的妈妈吗？"医生一边安慰我"会好的"，一边给妈妈打了一针。妈妈的痉挛很快停止了，神志也恢复了。目睹这样的"奇迹"后，我下定决心要成为一名医生。

小时候，祖母和我们住在一起，我目睹了祖母的死亡过程。

　　如今，大部分人在医院去世，周围人可以通过医疗器械判断病人的呼吸和脉搏是否停止。但在我小的时候，大部分人在自己家里去世，他们的死亡是由家人和在场的医生见证的。祖母的呼吸伴随着"咯"的一声戛然而止，这个声音清晰地印在了我的记忆里。一滴眼泪沿着祖母眼角的皱纹缓缓流下，就像一个"离别的印记"。后来我看见，躺在棺材里的祖母脸上带着微笑。

　　我们与家人共度的时光总有结束的一天。正因为一直这么想，我才会努力让现在过得更愉快。"二战"开始前，我的父亲在广岛一所学院任教，因为担心自己的学生，战后他专门去了一趟广岛。不知道是不是受此影响，父亲在去美国的路上因重症肝炎去世。父亲去世前没有留下任何遗言，这件事让我至今都追悔莫及。

　　我在美国留学期间，母亲患了重病。收到电报时我非常纠结，心里做着强烈的思想斗争："现在若不回国，我有可能见不到母亲最后一面，但现在又不能放弃学业。"值得感恩的是，那时母亲挺了过来。虽然在我回国几个月后，母亲去世了，但她好像一直在竭尽全力等着我回来。

我经常会带着年龄尚小的孩子们、孙子们，去为逝去的朋友守灵。"曾经那么充满活力的一个人，我今后再也见不到了。这就是死亡，让人伤心欲绝。"这就是生离死别的场景。死亡对每个人来说都是不可避免之事，所以我希望，你和家人现在就开始讨论死亡时要面临的一切可能，然后相互理解、不留遗憾地过好每一天。通过我的童话书，我想把这样的生命信息传递给每一位读者。

我继续不停地"尝试创造新事物"。

坚持写俳句

（2014 年 5 月 3 日）

快到 100 岁时，我才开始写俳句①。在 100 岁那年的元旦，我吟咏了一首："百岁非尽端，漫漫人生一道关。"今年 3 月，我自费出版了一本俳句集——《百岁创作俳句集》。木下照岳先生居住在静冈县御殿场市，是位经济学家，同时也是富岳俳句社团的负责人。这本俳句集就是在他的劝说和指导下出版发行的。木下先生还把俳句活用在医疗领域，创办了俳句疗法学会。学会每年举办一次活动，我每次都会参加。

我创作俳句相当随心所欲，把它当作生活保健来调剂身心。细谷亮太先生曾经担任圣路加国际医院儿

---

① 俳句是日本的一种古典短诗，类似中国的绝句。

——译者注

科负责人，也是一位俳句诗人。在他和诗友黑田杏子女士的共同提议下，我在98岁这一年有幸获得与俳句界权威金子兜太老师交流的机会。

　　尽管是初次见面，但我们的交谈轻松愉快，对话的内容有如泉涌，汩汩而出、源源不断。我们畅谈大自然的赐予、人类有限的生命之类的话题。交流结束后，我对俳句愈发着迷，偶尔会厚着脸皮让金子老师斧正我那些不成熟的俳句。

　　我创作俳句的灵感来自日常生活中意想不到的瞬间和深入心灵的触动，我觉得对着景物遣词造句会让生活变得饶有情致。有马温泉①让我写下"露天入汤泉，仰望长空银河远，星星浮出头"；广岛名产"什锦烧"②令人赞不绝口，我便写下"回转倚宫岛③，悠然自得什锦烧"这样的句子；飞机进入着陆状态时，我

---

① 日本关西地区最古老的温泉，是日本三大名泉之一。

——译者注

② 什锦烧又称"御好烧"或"随意烧"，是日本一种铁板烧小吃。

——译者注

③ 宫岛又称"严岛"，是日本著名三景之一。

——译者注

会即兴作一首，写下"日航飞机飞落，机身倾斜我停笔"……这种不拘一格、浓缩了"日常感受"的俳句，都辑录在《百岁创作俳句集》一书中。如果大家感兴趣，可以读读。大家要不要也尝试一下创作俳句，通过这种方式放松心情，寻找生活的乐趣呢？

量血压、看比赛，
运动健将的飒爽英姿让我返老还童

（2014 年 6 月 14 日）

　　国际足联世界杯终于开幕了。以前，我一直建议老年人在观看激动人心的体育比赛时要时刻关注自己的脉搏和血压，不要过度兴奋、紧张，给身体带来额外的负担。例如，老年人可以先看新闻，知道喜欢的球队获胜之后，再去看比赛时的录像，这样，看到比赛中最紧张、关键的场面时，也可以做到心平气和。

　　按道理来说应该是这样的。但说实话，因为我喜欢看比赛，所以经常忍不住观看现场直播的比赛。最近我喜欢看田中将大投手的比赛，他现在为美国职业棒球大联盟的洋基队效力。在去年秋天的日本职业棒球联赛中，巨人队与总部位于东日本大地震灾区宫城县的乐天队①争夺冠军。比赛过程中，我发现自己产生了"希望田中投手所在的乐天队想办法获胜"的想法，而此前我一直是巨人队的忠实球迷。我苦恼极了，一边看比赛，一边吟咏俳句：

"巨人队球迷怎能倒戈支持乐天队。"

在第6场比赛中，田中将大完投②九局告负，第二天，在第7场比赛最关键的第9局比分落后的情况下，田中投手登板，最后封杀对手，使其三振出局③，比赛发生逆转。虽然我一向偏爱的巨人队输了，但是我发自内心地佩服乐天队，认为他们夺得冠军实至名归。

我也很喜欢被誉为"大和抚子"④的日本女子足球队。在2011年德国女足世界杯8强赛日本对战东道主德国的比赛中，当日本女足在加时赛击败德国女足时，

① 田中将大2012年赴美前效力于乐天队。　　　——译者注
② 棒球术语，指全场比赛所有的投球都由一个投手完成。
　　　　　　　　　　　　　　　　　　　　　　　　　　——译者注
③ 棒球术语，指击球手三次未击球而出局。
　　　　　　　　　　　　　　　　　　　　　　　　　　——译者注
④ 抚子是一种石竹类属的植物。2004年，在日本女足出征雅典奥运会之前，通过大众征名，"大和抚子"成为人们对日本女足的爱称。由此，"大和抚子"成为外表柔弱、内心坚强的象征。
　　　　　　　　　　　　　　　　　　　　　　　　　　——译者注

我立刻测了一下自己的血压，发现收缩压居然达到了200mmHg，舒张压为 80mmHg。

法国哲学家蒙田在著作《随笔集》的第三卷第 5 章中写道："回忆往日，从中得乐，等于活过两次人生。"接下来，我想借用柏拉图的一段话作为补充。

柏拉图早在 2500 年前就对老年人说："到那些年轻人运动、舞蹈、游戏的场所中去，从年轻人身上寻找自己失去了的肉身的弹性和美丽，以娱自己，回想自己年轻时候的美丽和可爱。"又说："请你们赞扬那些在娱乐当中让老年人更加快乐的年轻人。"对我来说，在电视上观看年轻人的比赛简直如饮"生命之泉"。与年轻人相比，老年人的听力更差。希望家人能忍受老年人看电视时的高音量，在他们"返老还童"的路上助其一臂之力。

结交新"伙伴",启动新生活

（2014 年 6 月 28 日）

2014 年 5 月中旬,我去英国伦敦参加一个重要的学术会议。我作为日本的参会代表在会上用英文致辞,全天都在开会。会议结束后我顺便观光,当时感觉有感冒的征兆,在回程的飞机上也觉得身体不太舒服。

回国后的第二天,我出席了一场演讲活动,会后我发现自己发烧了。我在圣路加国际医院院长的建议下立刻入院。检测血液后发现其中有大肠杆菌。医生采用的化学疗法很快见效,4 天后我便痊愈回家了。

住院期间我还接受了心脏超声波检查,医生发现我以前就有的主动脉瓣狭窄的情况有点恶化。

在这次海外会议期间,我感到体力不支,为此我特意咨询了在心血管内科工作的三儿子。三儿子建议我说:"爸爸,您开始用轮椅吧,这样您就可以更加轻松地工作了。"虽然我有些犹豫,但为了保健长寿,也只能接受这一提议了。

刚开始用轮椅的时候，每当碰到熟人，我都恨不得把自己的脸蒙起来，不想见人。用了一段时间后，我发现除了在长途旅行时必须用轮椅，在家里我完全可以自己走路，和以前相比，我的活动范围并没有受限。于是我的心情轻松了不少，安心接受轮椅成为支撑我健康生活的最佳"助手"。

哲学家马丁·布伯（Martin Buber）的话总萦绕在我耳际。他说："永远做新的事，就永远不会老。"我决定挑战一个新课题：即便现在要与轮椅"相依为命"，也不影响自己一直做"现役"的医生和讲师。当体力无法跟上或者健康达不到标准时，我仍然有替代的方法可以助力自己完成工作。所以我卸下心理包袱，接受用轮椅生活，以后就多和大家讲讲坐在轮椅上的心得。

我常常通过书籍和课程呼吁孩子们"鼓起勇气"，现在我需要自己鼓起勇气，证明给他们看。所以我决定带着我的轮椅——这位值得信赖的新伙伴，一起翻开人生故事的新篇章。

坐轮椅生活，逐渐重拾信心

（2014 年 7 月 26 日）

前面讲了我外出时开始使用轮椅的原因，这里，我想更详细地介绍我坐在轮椅上参加各种活动时的情形。我用轮椅出行后参加的第二次活动是 6 月初在东京上野举办的一场演讲。当时的情况是这样的：我坐着轮椅移动，乘电梯到休息室，到我出场时，我站起来拄着拐杖走上讲台。演讲以"提高生活质量"为主题。那天我站着讲了大概 1 小时。在这次演讲前，上智大学举办的讲座是我第一次坐着轮椅外出公开讲话。原来我在讲台上演讲时都会走来走去，拒绝大家请我"坐在椅子上演讲"的好意。慢慢地，我似乎掌握了一边坐着轮椅保存体力一边演讲的要领。

在上野的演讲结束后，我参加了巴尔干室内管弦乐团在东京都举行的日本巡回演出纪念晚会。2007 年，旨在通过音乐表达团结与和平的心愿，指挥家柳泽寿男先生创立了由巴尔干各国音乐家组成的室内管弦乐团。乐团结束日本的巡回演出后，柳泽先生邀请我参加了纪念晚会。

在晚会进入高潮阶段时，柳泽先生突然邀请我指挥乐团演奏《拉德茨基进行曲》。这是我最喜欢的曲子，也是维也纳爱乐乐团新年音乐会上的著名曲目。

晚会期间，我一直坐在轮椅上，可是当受到指挥邀请时，我毫不犹豫地站了起来，没用指挥棒，直接用手开始指挥演奏。

在我开始担心自己的体力能否坚持下去时，柳泽先生中途接替了我。他的指挥非常精彩，出色地完成了曲子的后半部分。我十分兴奋，待心情慢慢平复，我又重新坐回轮椅上。庆祝活动还在继续，我中途失礼地先退场了。

我没有坐轮椅，而是站着指挥乐团演奏。在回家的路上，我细细回味着刚才演出时的喜悦。柳泽先生给予了我这次机会，给了我莫大的信心，我对他充满感激。

晚会期间，我一直坐在轮椅上，可是当受到指挥邀请时，我毫不犹豫地站了起来，没用指挥棒，直接用手开始指挥演奏。

"放低视线"之后的新发现

（2014 年 8 月 9 日）

轮椅伴随我生活的点点滴滴被记录下来之后，众多读者给我送上了温暖的话语，他们牵挂我的身体状况，一直鼓励我好好生活，我发自内心地感谢大家。

刚开始坐轮椅时，我发现眼中的风景与往常大不相同。走路时，我的视线几乎与身高一致，可是坐轮椅移动时，视线更靠近地面，我会捕捉到低处流动的风景。原来我作为医生在医院里四处走动，每当遇见躺在担架床上或者坐在轮椅上的患者时，我都会弯腰跟他们说话。现在，我的视线高度和坐在轮椅上的患者们是一样的，而当我和医生、护士同事们说话时，我发现自己开始仰头看着他们。

以我现在的年龄来说，想要通过手术恢复到原来的状态是完全不可能的了。所以当我意识到我现在处在"被来来往往的人俯视"的状态时，就意味着我与那些有肢体障碍的人和患不治之症的人一样，被大家视作了"社会中需要被关心的人"。现在我跟他们一样生活不便，我比以往更能理解他们，也因此更尊重他们。

时至今日，坦白讲，我偶尔还是会陷入沮丧情绪之中，叹惜"身体若能再灵活一点该多好啊"。但更多时候，我已经习惯"正向思考"当下的身体条件，充分接受"轮椅是保持长寿不可或缺的代步工具"这个事实。现在，我能够坦诚地面对这件事，把内心的矛盾告诉家人、朋友和患者们。

今后，我会因为"放低视线"而不断收获各种各样的新认知吧。我对生活的看法正在慢慢发生改变。然而，作为"新老人"，我尝试新事物的挑战尚未结束。我仍然可以短时间站立演讲，通过社交媒体发布出席各种活动的照片及日常感悟，我想结交更多朋友的渴望更胜以往。

　　为他人鞠躬尽瘁、奉献自己就是我现在的人
生意义。

　　"顺其自然"就是心灵不应被特定的事物所困
扰，应如流水一般静静地流淌。为了更好地度过
以后的岁月，我决定以一颗柔韧的心来面对一切。

　　衷心希望自己能让鲜花在每个人心中绽放，

能让世界变得更加光明。

以后要更加谨慎小心，因为意外随时都可能发生。

只有开始意识到死亡，人才会更加珍惜现在，才更明白活着的意义。

死亡对每个人来说都是不可避免之事，所以我希望，你和家人现在就开始讨论死亡时要面临的一切可能，然后相互理解、不留遗憾地过好每一天。

第三章 —— 103 岁，不必太在意身体的衰老

（2014 年 10 月 4 日—2015 年 10 月 3 日）

活好
2

根据日野原重明先生书房中的记录统计

当天往返的演讲　61 次

需要外宿的演讲　8 次

海外出差　　　　1 次（中国 5 日行）

即使医生要求日野原先生把工作量减少到原来的1/3，即使外出时开始与轮椅相伴，他仍然精力充沛地坚持开展"生命课堂"和出席新老人会的演讲。日野原先生还受邀为NHK全国学校小学部音乐比赛的课题曲作词，一直热爱音乐与和平的先生最终完成了为歌曲《围绕地球的歌声》作词的任务。

除了这些工作，日野原先生还出席了新老人会的长野童子军大会。第29回日本医学会总会在京都举行，他发表了题为"日本的老龄化和真正的健康社会"的纪念演讲。日野原先生仍在参加各种大型活动。奇迹般地恢复歌喉的韩国男高音歌唱家裴宰彻先生联手日野原先生，将歌唱和演讲融为一体的巡回音乐会也拉开了序幕。

即使健康欠佳，日野原先生对"活好"的未来依然充满激情。

103 岁的生日心愿是让轮椅全速前进

（2014 年 10 月 4 日）

　　2014 年 10 月 4 日是我 103 岁的生日。每年生日，我都会收到很多祝福我健康长寿的信函、生日卡和兰花等礼物。回想起来，我是从 5 月开始不得不靠轮椅外出参加各项活动的。

　　起初我对使用轮椅有些抵触情绪，但没过多久，我已经把轮椅当作自己的"脚"了。

　　家人齐聚一堂，在家中为我庆生，那样的时刻总是激动人心，让我倍感幸福。他们在自由之丘西式点心店为我特别定制了生日蛋糕，用巧克力把我的名字和年龄写在蛋糕上，还用粗一点的蜡烛代表 10 年，用细一点的蜡烛代表 1 年，在蛋糕上点了 10 根粗蜡烛和 3 根细蜡烛。

　　家人唱完生日快乐歌后，我深深地吸了一口气，用力吹蜡烛。随着年龄的增长，我的肺活量越来越小，吹了两三次，才吹灭所有的蜡烛。我有意切块小点的蛋糕给自己，好让家人多吃一点。家人们还为我准备了我最喜欢吃的牛肉，是脂肪含量较低的牛里脊。我家后面就有一家肉店，店里各种各样的肉陈列整齐，购买十分方便。

我在度过 100 岁那年的元旦时，感念"百岁非尽端，漫漫人生一道关"，我的下一个关口是 2020 年的东京奥运会，那时我就 109 岁了。

东京奥运会期间，预计圣路加国际医院需要对众多国内外选手和来宾进行健康管理，可能还会有检查兴奋剂等方面的工作。对奥运会协助工作的满心期待和使命感让我斗志昂扬。住在大阪市的大川美佐绪[①]女士现年 116 岁，据说她是日本年龄最大的老人。我没有"真不可能活到那般年纪"的感觉，我自信满满，目标是像她一样长寿。

从今往后，我会更加努力，保持健康状态，让轮椅全速前进，冲上 2020 年的梦想舞台，竭尽全力在需要我的地方发挥作用。

---

① 大川美佐绪于 2015 年 4 月 1 日去世，享年 117 岁。

——译者注

　　从今往后，我会更加努力，保持健康状态，让轮椅全速前进，冲上
2020年的梦想舞台，竭尽全力在需要我的地方发挥作用。

小虫子的死让我想到……

（2014 年 12 月 20 日）

11 月的一个星期六，我参加了一场医学研讨会，参会的医疗工作者们在会上的讨论极为激烈。我下午 6 点才回家，洗完澡，吃了晚饭，很快就去睡觉了，一觉醒来已经是第二天上午 9 点半了，可是我仍然感到有些疲惫。

我在洗手间准备洗脸时，突然发现一只小虫子。它大概 5 毫米，趴在洗手池的角落里，一动不动。我马上条件反射般地伸出右手食指，想把它按在池壁上。小虫子开始四处逃窜，但最后仍没有逃脱死亡的命运。

这时，我突然想起了阿尔伯特·史怀哲（Albert

Schweitzer）①说过的话："我的生命对我来说充满意义，我身旁的这些生命一定也有相当重要的意义。"是啊，不论多么小的昆虫，都在为了活着而努力，可我就这么稀里糊涂地、毫无意识地用指尖把它按在池壁上，终结了它的生命。这让我突然感到非常后悔。

换个角度思考，我有没有这样一颗心，愿意与这样的小生物共存？我就这样陷入了自我反省中，感觉自己迷失在了思想的旋涡里，无法自拔，最后我已经无法分辨自己的真实想法了。

由此联想到自己，也许我与这只小虫子有一样的命运，不知道什么时候就会在一种完全无法预料的状况下死去。事实上，这样的事也确实发生过。1970年，我成了"淀号"劫机事件中的人质，最后奇迹般地被释放。当我再次看到蔚蓝的天空和浩瀚的大海时，我发现它们与我以前看到的完全不同，感觉比以往更加美好了。从那以后，我决定终生致力于向大家呼吁生

① 阿尔伯特·史怀哲是20世纪著名的人道主义者和学者。近30年来在非洲进行艰苦卓绝的医学援助，提出"敬畏生命"的思想。1952年获得诺贝尔和平奖。

——译者注

命的宝贵。这种决心就是在死里逃生的情况下萌发的。

我每天出门时都坐在小汽车后排座位上，汽车驶入高速公路后，常常与其他疾驶的小汽车和大卡车并驾齐驱。有时我心中难免焦虑，不由自主地想"如果遇到交通事故怎么办"。尽管每天都身处不可预测的危险中，即便已经活到了 103 岁，我仍然热切地希望自己"活得久一些"，还梦想着："日本现在最长寿的人116 岁，我也希望自己能活到 116 岁！不，不止 116 岁，要活得更久！"人本能地拥有一种不可思议的求生欲。

晚秋晴朗的周日，望着远处屋檐上三色堇，它们绚丽多彩地盛开着，我沉浸在一片痴想中。

从出现"竞争对手"到对长寿的着迷

（2015 年 2 月 7 日）

我一直以为不会有和我同龄或年纪比我还大但仍坚持工作的人，直到去年 12 月 26 日上午，我读日本《经济新闻早报》时，看到文化板块上一则标题为"我是 103 岁的插画画家"的文章，这让我大吃一惊。

我出生于 1911 年 10 月 4 日，根据文章介绍，画家中一弥先生在我出生那年的 1 月 29 日出生，比我年长 8 个月，现在仍坚持为他的儿子——作家逢坂刚①先生写的历史小说画插画。人气作家逢坂刚先生轻描淡写地说道："不想老爸闲着才让他玩玩。"逢坂刚先生的著作《搜寻平藏》的封面上画着一位风情万种的女

---

① 日本著名作家逢坂刚素有"冷硬推理旗帜"之称，其历史小说《搜寻平藏》荣获第 49 届吉川英治文学奖。

——译者注

性，正带着敏锐的目光回眸审视着大家，这是一幅非常了不起的画作。得知存在"现役前辈"后，我不禁摩拳擦掌，心想"找到竞争对手了"。这样说对素未谋面的大画家有点失礼，但我还是一厢情愿地把眼前的文章当作大画家送来的一封"挑战书"。"今年我工作也要加油哦！"我给自己加油打气。

顺便一提，我每年照例都会在电视上观看新年箱根驿传①。每所大学的跑步选手都在指定区间拼命奔跑，竭尽全力在尽可能短的时间内跑完规定的赛段。从他们的跑步姿势中我能强烈地感受到那种拼尽全力、放手一搏的精神。选手们在将接力带传递给下一个跑者的那一刹那，很多选手会因为支撑他们前进的力量耗尽而一头栽倒在同伴怀里。

我现在就像箱根驿传的跑者们一样，想在人生终点"用尽全力地活一次"。当然，毫无意外，死亡总是围绕在我身边，如影随形。因此，对我来说，每一分、

---

① 由日本马拉松之父金栗四三等人于1920年创办，是日本历史最悠久的长跑接力比赛。

　　　　　　　　　　　　　　　　　　——译者注

每一秒，都只能用"宝藏"一词来形容，因为时间太宝贵了。时间充满了宇宙空间，但我们每一个人被给予的时间都是有限的，时间才是至高无上的。

知道画家中一弥笔耕不辍后，我顿感人生的空间愈加豁朗。今年观看箱根驿传接力赛时，我感觉好好生活的时间分量感又增加了。

在家的悠闲日子越来越多

（2015 年 3 月 14 日）

2 月 11 日这天，我居住的东京世田谷地区较往常更暖和一些。我上午 11 点才起床，中午吃了一顿早午餐。我喝了一杯 150 毫升的橙汁（里面加了一大勺橄榄油）、一小根香蕉，还喝了一杯 200 毫升的牛奶，里面放了 4 小勺大豆卵磷脂，餐后又喝了一杯咖啡。这是我早餐食谱的标准配置，一共 400 千卡的热量。情人节临近，我开始收到巧克力。每年此时，我都很高兴，因为能收到好几位女士送的巧克力。

我爱吃巧克力，一边在意摄取的热量，一边又忍不住伸手拿。

冬日的暖阳透过窗户直射进来，我懒洋洋地坐在客厅的沙发上，浏览各种报纸新闻。每当在节假日悠闲地晒太阳时，幼时与我住在一起、我最喜爱的祖母的身影总会浮现在我的脑海里。

早春时，盛开的梅花点缀我家的庭院，庭院里还有一大盆松树盆景。把橘子和干柿饼等串起来挂在树枝上，能吸引绣眼鸟之类的小鸟来啄食。小鸟啄食水果的样子非常可爱，我看着它们也会跟着开心起来。这么想着，我觉得在黄莺也快飞来的季节还穿毛线衫会有些热。

　　我想作一首关于晒太阳的俳句，于是吟咏道："冬日的暖阳，舒适安逸不流汗。"当时温度计显示24.9℃。尽管如此，我一点汗都没有出。

　　下午我回复了5封来信，6点洗澡。我在浴缸里慢慢泡了30分钟，傍晚7点和住在一起的二儿子夫妇、家政妇吃了晚饭。

　　第二天，我要去圣路加国际医院安宁疗护病房巡诊。一位50多岁的大肠癌晚期患者在等着我。听说她喜欢音乐，我想推荐我喜爱的法国作曲家加布里埃尔·福莱（Gabriel Fauré）[①]的CD给她。平静的冬季假期即将结束。

---

① 法国作曲家，作品以钢琴曲居多，如《梦后》《美好的歌曲》等，尤以13首夜曲、13首船歌和5首即兴曲闻名。

——译者注

　　早春时，盛开的梅花点缀我家的庭院，庭院里还有一大盆松树盆景。把橘子和干柿饼等串起来挂在树枝上，能吸引绣眼鸟之类的小鸟来啄食。

听到《围绕地球的歌声》时

（2015 年 4 月 4 日）

2014 年，圣路加国际医院理事长室秘书接听了一个电话，是 NHK 制作人希望我为明年秋天举行的"第 82 届 NHK 全国学校小学部音乐比赛"的课题曲创作歌词。

我初中时与同学一起制作过一本很薄的、油印的诗集《号角》。现在我还保存着三期《号角》，其中包括 1926 年 9 月发行的第一期，我们当时约定"每两个月发行一期"，最后到底发行了多少期，我已经记不太清楚了。从小学四年级开始，我参加三声部合唱美国黑人灵歌。回忆为我带来了创作灵感，歌词几乎一气呵成。

创作完成后，我把歌曲名字定为"围绕地球的歌声"，初衷是通过歌声将每个人祈祷和平之心集结串连，环环相扣，不断扩展，慢慢地环绕整个地球。

"大家聚集在哪里生活，哪里就会诞生歌曲，歌曲陪伴大家成长""两个人聚在一起是二重唱，三个人聚在一起是三重唱，四个人聚在一起就是四重唱"。钢琴家加藤昌则先生创作了一首欢快的三拍子乐曲，旋律轻快愉悦，转调别具一格，曲调朗朗上口，三者完美地融合在了一起。

　　歌曲的高潮部分是不断重复演唱歌词"让我们一起唱响和平之歌吧"，最后，随着演奏进入尾声，整首歌曲安静地结束了。

　　发表课题曲当天，在女指挥家激情饱满的指挥下，NHK 东京儿童合唱团的孩子们演唱了这首歌。孩子们确切地唱出了我想传达的和平之心。

　　"二战"结束 70 年后的 2015 年，NHK 电视台主办歌曲比赛，基于"现在的我们能够自由自在地享受自己喜欢的音乐，要归功于世界和平"这一理念，并把"和平"作为此次比赛的主题。按照计划，夏天先举行地区预选赛，10 月将举行全国总决赛。也许大家能在所在地区听到当地小学生们唱着我作词的歌曲参赛，请大家听听他们那充满活力的歌声吧。

身体的"衰老"和心的"衰老"
大不一样

（2015 年 5 月 23 日）

2015 年 4 月中旬，京都召开了日本医学会总会，全国的医生们汇聚一堂，针对各项专题进行了热烈的讨论。第一天，京都大学山中伸弥教授发表了演讲，他曾凭借 IPS 细胞研究荣获诺贝尔生理或医学奖。

日本医学会总会原本每 4 年召开一次，上一届会议因东日本大地震而取消。时隔 8 年，这次召开的会议更为隆重。

我这次在京都做了两次演讲。一场面向市民，发表以"卓越的生活方式"（2015 京都）为主题的演讲。演讲报告会由日本内科学会主办，在京都剧场举行，会场直通 JR 京都电车站，便捷程度令我意想不到。

另一场是在医学会总会上演讲，演讲的题目是"日本的老龄化和真正的健康社会"。在日本，男女平均寿命都超过了 80 岁。老龄化社会的问题在于"平均寿命"和"生活自理的健康寿命"之间的落差。男性需要被护理的时间为 9 年，而女性需要被护理的时间为 13 年，这段时间，很多老人处于卧床休养的状态。如何缩短这段时间，是现在的医务工作者们面对的重要课题。生物学意义上的"衰老"和生命中的"衰老"并非同一概念。人类自然无法抵抗衰老，但找到活着的意义是比抵抗衰老更重要的事。人类的身体就像瓷器一般脆弱，会出现裂纹，甚至会碎裂。即便如此，我们也要坚持不懈地探索在有限的生命里，应该将什么放入这不堪一击的容器中。

如果全社会都忽视老年人，把他们当作一辆破旧的汽车丢掉不管，那我们身处的社会就不是一个真正的文明社会。我们需要做的是让老年人也能参与社会活动，用温暖的心接纳他们，让他们担当一些社会角色。但要让老年人有一席之地，能发光发热，前提是创造一个和平稳定的社会环境。正因如此，我才每天都在谈论和平的重要性。

每一个社会成员，包括年轻人在内，都必须参与其中，否则健康社会就无法在日本真正实现。我强调了这一点后就结束了演讲。会后，坐在最前排、一直非常认真地听我演讲的山中伸弥教授特意同我交流了他的感想，这让我感到非常高兴。他为我的内心注入了更多的力量。

人生中第一次骑马

（2015 年 7 月 4 日）

我在一家名为"动物与人的爱与纽带促进协会"的非营利组织担任名誉主席。组织通过开展人和动物的各种交流活动，治愈那些心理受到创伤的人。这一次，协会决定制作一部纪录片。我在 6 月初参加了拍摄。拍摄现场在静冈县御殿场中的骑马俱乐部，我在这里有了人生中第一次骑马的经历。

一到俱乐部，孩子们都精神抖擞、开开心心地骑上了马。据说对患抑郁症、有智力障碍的孩子们而言，骑马可以作为一种治疗手段。孩子们问我："您骑马吗？"那时我还没有下定决心尝试骑马，但我转念一想，作为名誉主席，我应该以身作则。其实当俱乐部负责人对我说"等轮到老师时，我会准备一匹最温顺的马"时，我还在犹豫。我 103 岁的身体能否经受得住这样的挑战，谁都难以判断。这时，制片人告诉我，他们早已经策划要将我骑马的片段放入纪录片中。没有办法，我只好豁出去了，"既来之，则'骑'之！"

眼看着马走到我面前停了下来，我正想着该怎么跨上马时，大家拿出为我准备的初学者的脚踏台，让我站在脚踏台的中央。我站在那里，左脚踏上马镫，接下来的动作应该是让右腿大幅度地向后蹬起。我心里嘀咕："我万万办不到啊。"这时感觉有人准备帮我抬起右膝。

我更加用力地踩上了左边的马镫，虽然发出了"哎呀"一声，但同时感到有人在后面强有力地推了一下我的臀部。我用尽全身力气，终于成功地跨上了马背。

我摆正姿势坐稳，不禁在心里大喊一声"万岁"。怀着"好棒，好棒"的心情，我表情放松，温柔地抚摸着马鬃。这个瞬间刚巧被摄影师抓拍到了。

回家的路上，我突然想起那本12年前出版的、叫作"勇气"的画册。有一页画的是一个站在泳池跳水台旁边的少年。我幻想在画册里再添一页，标题就叫"103岁勇气可嘉，首次挑战骑马成功"。

回到家中，我心中的喜悦和兴奋在泡澡时仍然强烈，忍不住在浴缸里吟咏俳句：

"103岁，翻身上镫把马骑，胜利者姿态。"

　　我更加用力地踩上了左边的马镫，虽然发出了"哎呀"一声，但同时感到有人在后面强有力地推了一下我的臀部。我用尽全身力气，终于成功地跨上了马背。

时隔百年，再度被人背起

（2015 年 7 月 11 日）

前几天，我前往东京八重洲车站口地下商业街的会议室，参加在那里举办的某医学会的理事会。会议持续了 2 小时，讨论了几个议题就结束了，我先走一步，拄着拐杖走出地下一楼的会议室，我想自己走楼梯上一楼。在路边等我的司机一听说我要走 20 级台阶，急忙下来接我。"您患有主动脉瓣狭窄，走楼梯会对您身体造成负担，让我背您吧！"他蹲下来背对着我。我再三拒绝："没关系，我可以慢慢地一层一层往上挪。"但是他执意不肯。最后我只好笨拙僵硬地趴在他的背上。司机对我说："先生，请您抓牢一些。"

我上次被人背是在 100 年前，那时候我 3 岁，比我小 3 岁的弟弟刚刚出生，我不得不把被母亲抱在怀里的"福利"让给弟弟。"我在妈妈背上就好了。"我清楚地记得在母亲背上的感觉。

在这之前，我刚刚体验过我人生中第一次骑马，还精神抖擞地绕着牧场骑了一圈，可现在却到了被人背着的境地，我一下子变得惶恐不安，就这样一直被背到一楼。那时，我脑海里突然浮现出一个身影，是平时经常看到的一尊铜像。在东京都港区三田站的笹川纪念会馆里有一个"圣路加国际医院卫星诊所"①，诊所建筑的左侧有一尊铜像，是纪念已故的笹川良一先生背着母亲的"母子像"。59岁的笹川先生背着自己82岁的老母亲，登上位于香川县的金刀比罗宫的785层石阶参拜，他后来被人们称为"金刀比罗先生"。铜像脚下刻着笹川先生写给母亲的赞歌："我背着母亲，数不清脚下的台阶，正如数不清母亲的养育之恩。"我清楚地记得自己每次看到铜像时那种深深的感动和共鸣。

每次给高龄患者做检查时，我都会亲手帮他们躺上诊疗病床，这时我会发现他们的身体变得僵硬。把自己不灵活的身体托付给他人，谁都难免惶恐。时隔百年后再次被人背起，我不由想到了这些。

① 现在的日野原纪念诊所。

使用轮椅一年后，内心出现的变化

（2015 年 8 月 1 日）

2014 年 5 月，我去英国出差参加一次学术会议时，突然感觉身体不适。回国后，我花了很长时间才恢复体力。三儿子建议："爸爸，还是用轮椅出行吧，这样会更省力、更方便。"从那时起，我出门时就开始使用轮椅。

刚开始使用轮椅的时候，每次遇见认识的人，我总是下意识地把脸转过去，担心熟人觉得"他毕竟 103 岁了，果然岁月不饶人啊"，而且自己"不愿意被人用同情的目光看待"。回想那时，我心里确实这么想，总想避开别人异样的目光。

然而，无论多想隐藏自己的脸，与人交谈时，我总要与人进行目光接触，根本无法避免与他人碰面。后来我索性勇敢地抬头挺胸，主动与对方打招呼，爽快地、大声地道一声"早上好啊"。习惯成自然，现在我已经不再逃避，会主动、热情地与人交谈。

现在我仍然每周都乘坐新干线或飞机到处出差访问，周围的人见到我都会过来跟我打招呼，说："祝您健康长寿！""请您一定要加油啊！"并且跟我握手，要签名或合影留念。如果我紧紧地握住他们的手，他们就会开心地说，"我今天要告诉家人您与我握手了"或者说"您今天握过我的手，我今晚舍不得洗澡了"。有人甚至把我们的合影作为手机待机时的主画面。当初我担心使用轮椅后，与周围人的相处方式会有所改变，现在想来，我完全多虑了。

我在东海道新干线车厢内写下了这篇文章。到达目的地新神户后，陪同的护士迅速打开折叠轮椅，让我坐上轮椅出站台。

人类凭借智慧创造了无数工具，日常生活中，这些工具像伙伴一样陪伴着我。除了必不可少的轮椅，我的生活还离不开眼镜、手机、个人电脑、拐杖，随着时间的推移，我的伙伴也慢慢多了起来。我把在出差地写好的手写文稿传真到家里书房的传真机上，秘书把文稿录入电脑，再通过电子邮件发送给编辑。未来还有什么样的新式工具会成为我的新伙伴呢？一个神秘的、未知的世界正在我的眼前展开。

观看日本女足比赛时发生房颤

（2015 年 8 月 22 日、29 日）

　　足球赛和箱根驿传接力赛都是我非常喜欢看的比赛。我对这次加拿大 FIFA 女足世界杯赛期待已久，恨不得连着几天观看电视直播。我是日本女足守门员海堀步美的超级粉丝。在我 101 岁生日那天，海堀选手把她参加比赛时的手套和球衣当作生日礼物送给了我。日本女足在小组赛和八强赛中顺利晋级，在激动人心的半决赛中对阵英国女足。比赛从日本时间 7 月 2 日上午 8 点开始进行电视直播，当比赛正在激烈进行时，我的身体状况却突然变得异常。

　　从一大早开始，我就坐在电视机前的沙发上。选手们在赛场上传切配合，我的心情也随着场上局势的变化而上下起伏。我一边看，一边使劲为日本女足加油。下半场时，我突然冒冷汗，觉得有点恶心。以前我也有过这样的感觉，几十年前，我不胜酒力，说完干杯后一口气喝了半杯啤酒，随后瘫倒在酒桌上。现在，我难受的感觉和当时一模一样。

我估计是因为这次看电视直播导致我"兴奋过度，大脑供血严重不足"才产生不适。于是我立刻低下头，采用了让血液容易到达脑部的姿势。等不适症状减轻后，我立刻安静地躺在床上。家人给我测血压，没有发现异常，但他们都清楚地知道，那时我一定有明显的心律失常和心动过速的情况。

我有主动脉瓣狭窄的问题，于是马上联系住在美国的三儿子，他是心内科的专科医生。他怀疑我发生了房颤。因为我手头还有工作，不能立即在家休养，所以三儿子叮嘱我去工作前一定要先做心电图检查。于是我先去了圣路加国际医院。

心内科的新沼医生为我检查后发现我的收缩压为130mmHg，舒张压是65mmHg，心电图显示房颤。

这天下午，我要在日本乳腺癌学会学术总会东京国际论坛上发表特别演讲。新沼医生为我做了应急处置，然后我直接赶往演讲会场。虽然全程演讲我一直坐在轮椅上，但总算平安地结束了演讲。

演讲结束后我返回医院，第二天接受了新沼医生的进一步治疗。医生持续监测我左手腕动脉，从静脉注射麻醉剂，通过对心脏的电刺激消除房颤，进行除颤处置。

我清醒过来后，已经不记得麻醉后的事情了。我脑海中不知道为什么浮现出一条路，是大约 10 天前我在千叶县松户市 POS 医学学会举办讲座时走的那条路。医生观察心电图的波形，发现房颤没有了，我的心跳频率恢复正常。

观察一天后，我就回家了。在 6 日的决赛中，日本女足输给了美国女足，但在这次世界杯大赛中，她们杀入了四强，全队卓越的表现有目共睹。

这次的经历让我得到一个深刻的教训：遇到拼尽全力想要支持的球队的比赛，不一定非要观看现场直播，可以在知道结果后慢慢地观看比赛回放。作为医生，在很久以前，我其实就向高血压患者推荐过这个方法，但自己没有严格遵守。下次再碰到喜爱的体育比赛直播时，我能否忍住不去体会那种手心出汗的现场感？我还没有十足的把握能够抵抗这种诱惑。

以上是一位 103 岁的心脏主动脉瓣狭窄患者发生房颤后治疗始末的真实记录，我希望这些信息能够对你们有所帮助。

重明语录

/

　　死亡总是围绕在我身边，如影随形。因此，
对我来说，每一分、每一秒，都只能用"宝藏"
一词来形容，因为时间太宝贵了。时间充满了宇
宙空间，但我们每一个人被给予的时间都是有限
的，时间才是至高无上的。

　　现在的我们能够自由自在地享受自己喜欢的
音乐，要归功于世界和平。

人类自然无法抵抗衰老，但找到活着的意义是比抵抗衰老更重要的事。人类的身体就像瓷器一般脆弱，会出现裂纹，甚至会碎裂。即便如此，我们也要坚持不懈地探索在有限的生命里，应该将什么放入这不堪一击的容器中。

　　我们需要做的是让老年人也能参与社会活动，用温暖的心接纳他们，让他们担当一些社会角色。

第四章 —— 104 岁，我的心思

（2015 年 10 月 4 日—2016 年 10 月 3 日）

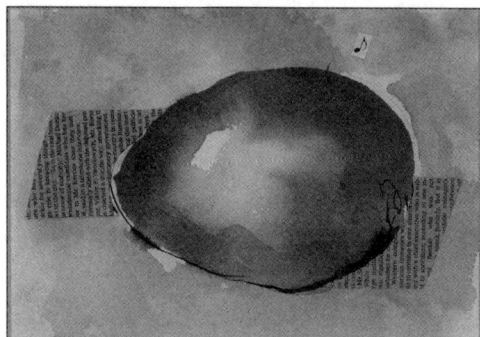

根据日野原重明先生书房中的记录统计

当日往返的演讲　52 次

需要外宿的演讲　2 次

海外出差　　　　0 次

新添辅助工具　　无反弹坐垫的轮椅

为了庆祝日野原先生104岁的生日，出版社出版了《战争、生命和圣路加国际医院》一书和俳句集《10月4日、104岁、104句》。

　　电视台录制的先生与102岁的书法家篠田桃红女士的对话节目受到观众的一致好评。春天，先生的诗歌和岩崎知弘①女士的画配合的诗歌系列《我才不会还手》出版。

　　"日野原纪念和平之家医院"重新开放，圣路加国际大学新校舍的国际会议厅被命名为"日野原大厅"，大厅里还挂着意大利画家马泰奥·切卡里尼（Matteo Ceccarini）为先生画的肖像画。一系列令人高兴的喜事接连发生。夏天，先生非常高兴，与他的音乐合作伙伴裴宰彻先生一起举办了音乐会。虽然先生手指受了伤，但伤口很快愈合了，他又能坐着轮椅外出工作了。

　　与此同时，先生在家休闲、放松的时间也越来越多，随笔里回忆往事和家中日常生活的内容多了起来。

---

① 岩崎知弘一生创作了9300多幅作品。黑柳彻子所著的《窗边的小豆豆》一书的插画也是岩崎知弘所作。

——译者注

自查104岁的身心状况

（2015 年 10 月 10 日）

10 月 4 日就到了我 104 岁的生日了。到 2020 年日本举办奥运会时，我 109 岁。现在世界上最长寿的男性是 112 岁的小出保太郎先生 ①，我会在接下来的每一天，为了身体健康而不懈努力。

虽然我有主动脉瓣狭窄的症状，但只要在长时间移动中使用轮椅，我就可以保持与以前相当的生活质量。

在我创办的新老人会里，志愿者们组织了一次针对老年人身心衰弱情况的调查。调查结果表明，脑血管疾病、心脏病以及年龄的增长，会引发身体的一系列变化，例如，机能衰弱、骨折、易摔跤、骨关节

---

① 小出保太郎先生，于 2016 年 1 月 19 日去世，享年 112 岁。

疾病、老年痴呆症，这些都是导致老年人日渐衰弱的原因。

因此，我决定客观地检验一下自己104岁的真实状况。

9月10日，我接受了例行的精密体检，并没有发现太大的问题。我最担心患上的老年痴呆症，现阶段好像也没有什么患病迹象。

尽管如此，我仍然有点担心自己时常犯的健忘的毛病。重要的文件存放在哪里？必需的资料和数据存放在哪里？找某样东西时我经常一头雾水，手足无措，常常要全家总动员，才能好不容易找到。

然而，人类的大脑真的很奇怪，有些事情是90多年前发生的，我反而记得一清二楚。有一天，我和家人在家里吃午饭，大家闲聊时，我突然回想起母亲过去曾把花生（当时叫落花生）、糖和味噌装在一个陶瓷器皿里，精心地研磨，制作类似于花生酱的花生味噌，还用特殊的锅烤出香喷喷的面包，涂抹上自制的花生味噌给我们吃。

母亲会在陶瓷器皿下面垫块抹布，在制作花生味噌的过程中，让我用双手紧紧地按住器皿，以保持稳定。我成年后独自去美国留学时，仍然特别喜欢吃涂有花生酱的面包。这个饮食的喜好我一直保留到现在。

　　已经 104 岁高龄的大脑，依然清晰地记得母亲做的花生味噌的味道。到现在，我都感激不尽，自己从父母身上获得的生命和基因。

期待104岁生日的喜悦

（2015 年 11 月 7 日）

　　10 月 4 日是我 104 岁生日。生日前一天我特别忙，先要去参加东京都内举办的一场名为"健康庆典"的重要聚会。

　　1954 年，圣路加国际医院作为日本民间医疗机构，首创了综合性健康检查。发展到现在，在圣路加塔楼的三、四、五楼都设有专用体检设施。接受综合性健康检查的人们共同组成"朋友会"，通过每年一次的聚会，与各诊疗科的医生交流、畅谈，加深对健康知识的关注和认识。聚会在每年 10 月初举办，之前被称为"船坞同学会"，今年更名为"健康庆典"。会上我演讲的题目是"越年长，生活越小心"。演讲内容不只是关于生活方式，还包括我最近出版的著作《战争、生命和圣路加国际医院》中提到的医院的历史。我从 1941 年开始在圣路加国际医院担任内科医生，与医院一起走过了 70 多个年头。

接着，我又去参加了圣路加职员的"校友会"。在圣路加工作过的医生、护士、临床检查技师、行政职员们等按照过去所在的部门相聚，一起畅谈往事。大家还为我举办了生日宴会，他们一边唱着生日快乐歌，一边拿出准备好的巨大的生日蛋糕。我一口气吹灭了蜡烛，衷心感谢所有工作人员这么多年来对我的支持。

在校友会上，我当然最年长，因此，我可以与更多的熟人和朋友欢喜地重聚，这可是长寿者的特权。和大家一一谈完，校友会的高潮也告一段落，晚上 10 点半我才回到家。

第二天早上我 7 点起床，望向自家庭院，不禁感叹："啊！我终于 104 岁了！"我抬起双臂，高举拳头，试着摆出一个胜利的姿势。我从好不容易抬起的手臂上，感受到了自己这几年辛苦的分量，我终于度过重重危机，迎来了健康的 104 岁。5 年后东京将举办奥运会，我下决心要以圣路加国际大学名誉理事长和圣路加国际医院名誉院长的名义，为此全力以赴，尽职尽责。一想到这些，我激情澎湃，全身充满难以言状的能量。

　　我抬起双臂，高举拳头，试着摆出一个胜利的姿势。我从好不容易抬起的手臂上，感受到了自己这几年辛苦的分量，我终于度过重重危机，迎来了健康的 104 岁。

104 岁时对礼仪和时尚的理解

（2015 年 11 月 14 日）

照理说，活到 104 岁，应该感觉世上再也没有什么好担心，也会有什么都不在乎的感觉。但对我而言，即使上了年纪，我仍在意每天的举止和生活礼仪，会时不时地像照镜子那样，检查、反省自己。

木下照岳先生在新老人会会刊上教写俳句，在我 98 岁的时候，他又亲自指导我写俳句。我最终养成了习惯，一有空闲时间就好好审视内心，用俳句表达思想。金子兜太老师曾经评价说，"日野原式的自由发挥非常棒"，大师的认可，无疑增强了我的自信。

回想一下，"日野原式的自由发挥"是从什么时候开始出现的呢？我小学时有"脸红恐惧症"，每次上课被老师点名的时候，还没站起来，我的脸就已经通红了，所以同学们都叫我"赤皮红薯"。我觉得总被嘲笑可不行，所以上了关西学院的中学部之后报名参加了辩论俱乐部。经过锻炼，无论是学校的话剧、钢琴演奏还是合唱团的指挥，我都参加，再不恐慌抛头露面。现在，我每周都要在人多的场合发表演讲，过 100 岁后，人真的会和从前大不相同。

对我来说，出门前留意穿衣搭配就像出入公共场合时带着护身符。我会根据季节变化和当天的心情，选择相应的外套和领带。自从长岛一茂先生 ① 赞扬我之后，我尤其会关注自己的西装口袋巾。每次出门前，二儿媳妇都会精心准备几条口袋巾，我会从中选一条自己最满意的。口袋巾露出多少才最好看？我会在镜子面前摆弄半天，努力让口袋巾看起来更蓬松饱满。

我想强调的是，"礼仪"不仅指举止和礼貌，还代表"一个人的做事方法、风格、作风"。我每天都反复试验不同的礼仪和风格，凸显自身魅力，希望呈现一种令人信赖的风格，端端正正地站在别人面前。这样努力，接触的人也一定会善意地接受这种一贯的"风格"。我活了 104 年，这些是我对礼仪和时尚的思考。

① 日本职业棒球选手、棒球评论家、演员。

——译者注

好像过分大惊小怪

（2015 年 12 月 5 日）

　　10 月底的一个早晨，我注意到自己的身体有一点异常，开始担心起来。

　　我定期接受体检，从未出现身体指标异常的情况，此次不适是有关手指的：我左手的无名指和小拇指突然不能弯曲了。我自己诊断有可能是尺神经麻痹引起的，还可能是大脑内部发生了异常，我急忙赶到圣路加国际医院的骨科门诊检查。治疗疼痛或麻木比较对口的科室是骨科。我请医生用 CT 扫描检查我脑内是否有病变，精密检查结果显示，脑血管并没有异常。我总算可以放心了。

　　那为什么我的手指不能弯曲了呢？骨科医生说，问题在于手指肌肉本身。治疗方案是练习弯曲左手的无名指和小拇指，轻轻按摩手指，这样，症状应该能得到缓解。医生准确地给出了病因和解决办法，真是了不起。当我按此方法实际练习时，很快见效了。

作为一名内科医生和心血管专业医生，我有半个多世纪的临床经验。但这一次，接受骨科医生的检查时，我才意识到对于这类疾病，我完全是个门外汉。我100多岁了，还能不断学习新知识。"别担心，只要坚持按摩，症状就能缓解。"医生这样说。我立刻心情放松，感觉整个人都神清气爽。

由于心理压力得到缓解，我按照原计划从下午开始接待几位来访者，还出席了日本笹川纪念保健基金会的执委会会议（我在基金会担任名誉会长）。这个团体当初是为了控制麻风病而创立的，后来致力于推进临终关怀及缓和护理运动、促进公共卫生等方面的发展。

晚上，我担任理事长的公益组织"生活规划中心"运营的诊所里的医生、护士、志愿者们在永田町的中餐馆里为我举办104岁生日庆祝活动。即使这天我一大早发现手指不能弯曲，最终仍度过了忙碌而充实的一天。

没能对妻子说声"对不起"

（2016 年 2 月 20 日、27 日）

　　1 月，东京下起了雪，据报道，早高峰时交通混乱，很多人无法按时到达目的地。这一天，我正在家中准备演讲资料。

　　我关心积雪状况，所以偶尔会看看庭院。院子里，白梅迎着雪花含苞欲放，两株红梅刚冒出小小的花骨朵。每当我看到大雪纷飞、通勤困难、梅花盛开等场景时，耳边都会突然响起已故妻子说过的话。我长期担任银行原行长小田切武林先生的主治医生，所以和他妻子也很熟悉，那株红梅是他妻子送给我的。小田切先生的妻子去世以后，每年冬季来临时，妻子总说"这株梅花会在小田切夫人的忌日前后开花"。而我的妻子是在 2013 年 5 月去世的。

　　我和妻子于 1942 年结婚，当时物资短缺，所以我们只举办了一场小规模的庆祝宴会。妻子的客人当中有篠田桃红女士。当时我们居住在田园调布区，妻子跟随篠田桃红女士学习书法。最近，篠田桃红女士以 102 岁的画家这一身份，成了公众关注的焦点。今年 1 月 9 日，我刚刚在 NHK·E 电视台播出的节目"SWITCH 采访达人们"①中，与篠田桃红女士对谈。节目播出后，观众们反响热烈。篠田桃红女士一如既往的创作热情点燃了我，激励我继续努力。

妻子名叫静子，人如其名，平时沉默寡言，做事低调谨慎。妻子在四兄妹中排行老大，作为长女，她沉稳可靠。

与大部分家庭一样，我们家也是"男主外女主内"。我一向把工作放在第一位，家里的事情完全交给妻子打理。虽然每天奔波很辛苦，但在我 40 多岁的时候发生了一件事情，我至今回想起来都后悔不已。

我把养育 3 个儿子的任务一股脑地甩给了妻子，完全没有像现在的年轻父亲那样协助妻子照顾孩子，

① NHK 于 2013 年 4 月在 ETV 教育电视台上播出的采访节目。节目让处在不同领域、平时并无交集的两位人物见面，通过对谈产生奇妙的化学反应。

我没有任何为孩子换尿布或洗澡的印象，顶多是在半夜里看看孩子们的睡脸。

等到孩子们慢慢长大，妻子才从带孩子的辛劳中解脱。她在好朋友的建议下，考取了汽车驾照，决定每天早上开车将我从东京田园调布区的家中送到筑地的圣路加国际医院。当时东京的高速公路只开通了一部分，我们需途经一条名叫中原街的弯弯曲曲的小路，或是通过庆应义塾大学前面的国道 1 号开往筑地。

每天早上，我把妻子为我准备的当作午餐的三明治放进包里，然后坐着妻子开的车离开家。我经常坐在车子的后排座位上，用录音机录制文章，有时会匆忙地回复一些紧急的书信。

妻子把我送到医院后，再开车回家。在我回家前，她将我早上在车上录制好的文章誊写到纸上。

一天早上发生了一件事情。那天不走运，我因故耽搁了些时间，出门晚了，眼看要错过实习医生的巡诊了。我在车辆拥挤的路上心急如焚，一次又一次地强烈要求妻子加快速度。妻子总是无法超车，我气急败坏，执意让妻子在环八大道和中原街的十字路口处把车停下来，然后我一言不发地坐上一辆路过的出租车，自行前往筑地。被抛下的妻子只得在巡警的引导下，被迫将车停在路旁，过了很久才沿着环八大道返回家中。

当时妻子一定恼怒不已，觉得我是个多么可怕的人啊。可那天晚上当我回家时，她一句抱怨的话都没有说。

我从来没对妻子说过像"对不起""我不应该这样做"这类话。岁月就这样飞逝而过，我还没来得及认真地跟妻子道歉，她就永远地离开了我。

那天早上，外表沉静、内心坚强的妻子肯定非常不安，心里充满愤怒和委屈。每当我回想起这件事的时候，心中就像打翻了五味瓶一样百感交集。这件事至今盘桓在我心头，留下一道永远无法愈合的创伤。

印在运动服上的"我"参加马拉松比赛

（2016 年 4 月 2 日）

　　圣路加国际医院心内科的新沼医生给我做了检查，发现我有主动脉瓣狭窄的症状。我打电话咨询三儿子，他在旧金山医院担任心内科主治医生，他建议我外出时使用轮椅，说我还可以像以前一样正常生活和工作。

　　我听从他的忠告使用轮椅并观察效果。去年，我在观看电视直播的女足比赛时突发心脏房颤，所幸并无大碍，身体很快恢复了正常。那之后，我的主治医生新沼医生建议我多加小心，不要让主动脉瓣狭窄症进一步恶化。在他的治疗和叮嘱下，我又能继续安心开展日常工作了。

　　新沼医生今年 51 岁，在 2 月 28 日举行的"2016 年东京马拉松赛"的参赛资格抽签中，幸运地中签。

　　比赛当天，新沼医生身穿短袖运动服，把小田桐昭大画家绘制的我跑马拉松的漫画印在运动服的后背、前胸以及左袖上，把"任我前行——日野原重明"的文字也印在胸前。他以 5 小时 28 分钟的成绩顺利完成了全程马拉松，也就是说，在 5 小时 28 分钟的时间里，沿途观看比赛的观众可以看见"我"跑马拉松。

当天，我担任理事长的公益组织"生活规划中心"的女性志愿者们组成啦啦队，欢呼雀跃地为新沼医生呐喊助威。一开始，新沼医生对于完成比赛的信心还不是很足，但最终，他在啦啦队的支持声中跑完了全程。我在家中默默地祈祷新沼医生顺利完赛，他完成比赛的好消息很快传到我这里。虽然我不能亲自参加马拉松比赛，可是因为新沼医生穿着这件印有我跑马拉松漫画的短袖运动服参加了马拉松比赛，我就像拿到了"心的接力带"，东京马拉松的激情也传递到了我的心里。

写这篇文章的时候，我突然想："对了，明天去生活规划中心的诊所看病的时候，就穿这件运动服吧。"想象着新沼医生看到我后大吃一惊的场景，我心里迫不及待地盼望明天早点到来。东京马拉松赛事激励了我，我的信心更足了，我相信我一定会实现今年"更上一层楼"的心愿。

坐着轮椅来场迷你旅行

（2016 年 7 月 2 日）

儿童节这天，我去我家附近的一家超市购物，这是我头一次坐轮椅来这里。前一天下了点小雨，二儿媳妇陪我到超市后，发现我的钱不见了，她以为丢在了来的路上或店里的某个角落，就把这件事告诉一位我认识的店员，让她帮忙留意。5 天后，我在家里的车库边上发现了我丢的钱，二儿媳妇很高兴地通知了那位店员钱找到了。

现在，我很少会去超市买食材和日用品，回想起来，上次去这家超市还是两年前的元旦。当时有孩子正在超市门口打年糕，我偶然路过，也加入其中。伴随着孩子们捶打年糕的号子，大家很有节奏感地把臼中的年糕捣制成功。我的手碰到年糕时，感受到了年糕那柔软的触感。打完年糕后，我刚走进超市，一位小学生模样的男孩和他妈妈一起跑到我面前，男孩主动对我说，他读过我的书——《写给 10 岁的你——来自 95 岁的我》。这真是让人难以忘怀的珍贵回忆。

现在，二儿媳妇的手机里还保留着当时的照片。照片中的我还没有坐轮椅呢。我惊讶地发现，那时我整个人站得笔直，右肩也没有下垂，虽然才过去两年，但那张照片中的我看起来年轻潇洒，精神抖擞。

久违地从超市入口步入店内，与以前相比，我感觉超市变化很大。因为当时刚好连休长假，大家都外出度假了，所以在店里没有遇到熟人，我略微感到有点落寞。二儿媳妇劝我说"难得来一趟，买点什么吧"，因此，我买了些夏威夷产的夏威夷果，这是一种很有嚼劲的坚果，我很喜欢吃。我的长子长居夏威夷，他在那里工作，每次回国看我，送给我的礼物就是夏威夷果。

我仔细观察超市附近以前觉得熟悉的景物，发现不知何时，原先的老房子已经被夷为平地。我一面觉得二儿媳妇推着轮椅让我有点于心不忍，一面又觉得坐着轮椅的"迷你旅行"也别有一番趣味。

意外总是突如其来

（2016 年 7 月 9 日）

6 月 8 日，我发生了一场意外——左手的小拇指不小心撞到桌角上，流血了。我立刻用右手用力捏住左手小拇指的根部止血。虽然感觉有点疼，但我觉得没什么大碍，就接着写文章去了。大约过了 1 小时，我站起来想上厕所，伤口竟又开始流血，而且用按压的方法也止不住血。我急忙打电话叫了出租车赶往圣路加国际医院。

听到主治医生对我说"日野原老师，我是骨外科的松井瑞子"时，我的表情和心情才恢复了常态，一下子平静下来。

我在专栏里也写过，两年前的冬天，我不小心绊倒，额头撞到了衣帽架底座上，发际处蹭破流血，立刻被送来圣路加国际医院。那次我额头上的伤口长达 10 厘米，当时快速并细致地为我缝合伤口的就是松井医生。

医生立刻安排我拍了一张 X 光片，确认骨头并无异常。因为出血很严重，我以为动脉破裂，心生恐慌，不由得全身发冷。但松井医生说只是静脉损伤，并没有伤到神经。伤口缝了12针，之后，松井医生给我的手指一层层地包上绷带，并用三角巾将左手吊在胸前固定起来。治疗结束后，我坐出租车回家，到家后用冰袋给小拇指冷敷。

万幸我伤到的只是左手，虽然伤口处还感觉刺痛，但并不影响写作。

第三天，我去医院复查。我上车的时候，总是习惯从左肩拉出安全带插进右腰处扣安全带的地方，司机确认我完全坐好后才出发。这次我也可以不用左手，自己系好安全带。医院工作人员推着轮椅在门口等我，我们一起坐电梯上了二楼，前往骨外科。复查结果不出所料，并无大碍。我基本上感觉不到疼痛，松井医生说"您恢复得很顺利"。我手指上缠的绷带少了一圈。复查结束时，我们预约一周后拆线。

顺便提一下，两年前额头撞的伤口现在已经完全愈合，而且没有留下任何疤痕。上次跌倒后，我就告诫自己"意外随时可能发生"，这次算重蹈覆辙，但我也没有因此整日忧心忡忡。我再次提醒自己，时刻警惕，注意安全。

难以忘怀的美食

（2016 年 7 月 23 日、30 日）

　　从春天到初夏时节，秋田蕗①、竹笋、蚕豆和毛豆这些时令美味会轮番来到我家的餐桌上。我们和家政人员一起吃午餐，津津有味地谈论美食。

　　在我出生的年代，日本不像现在这般富裕。一直以来，我总认为，天下最大的美味就是妻子亲手烧的饭菜。

　　我经常回想童年往事。4 岁那年，我不喜欢吃葱，母亲教育我"不吃葱的人很难出人头地"。那时候，餐桌上有 200 克肉末是很稀罕的事，我们一家九口人一边细细品尝，一边开心地感叹"今天真是好日子，居

---

① 国内称为蜂斗菜，一种常见的野菜。

——译者注

然有肉吃"。偶尔会有鸡蛋，但只在父亲碗里，因为父亲要外出奔波。每次看见，我心里都羡慕极了。我上小学时正处于日本大正时代末期，学校不供应午餐，学生们只能各自带便当。

有位同学的父亲是开诊所的医生，他的便当盒里总有金黄色的煎鸡蛋。

经常有人问我："先生，您如此高寿，是怎样安排日常饮食的？"最近，有人甚至直接打家里的电话问："先生说每周吃两次以上的牛排，请问先生吃什么价位的牛排？"这让接电话的家人感到非常为难，不知道怎么回答。

类似关于饮食的咨询不在少数。有些人觉得"上了年纪后，吃肉对身体不好"，可如果只吃蔬菜，又无法摄取人体所需的蛋白质。所以，我一定会吃鱼或肉，但只吃没有太多肥肉的部位，这与肉的价格没有关系。我吃的肉就在我家附近的肉店采买，没有特别的采购要求。我喜欢吃炖牛筋，比较喜欢吃的鱼类是青花鱼和竹夹鱼。我认为营养均衡、美味可口才是最重要的。

这么说起来，我有一段回忆，与我一生难忘的食物有关。

我在1942年结婚，结婚后和父母住在一起。我的母亲与家里的阿姨在院子的篱笆边种下南瓜种子，那一年，我们家居然收获了将近100个南瓜。全家人每天都吃南瓜，里面的胡萝卜素让全家人的脸色都变黄了。

那时我肩负一项家庭职责，就是每周日去东京近郊的农家采购食品。为了换几升米和一些蔬菜，我只好把丈母娘为妻子结婚准备的和服拿去置换。为了掩人耳目，我把装米的袋子系在自己的腹部。我小心翼翼地把米袋系紧，因为一旦被发现，米会被抢走。

有一天，好像是一位在埼玉县川越市附近的农村居住的亲戚送给我们一些芝麻盐饭团和米糠腌茄子，对方通过好几位熟人，费尽周折才把它们送到我家。有了大米和蔬菜，大家的心情一下子变得轻松了。把咸味白米饭团放进嘴里咀嚼，你能想象那有多美味吗？那种味觉记忆和那时四处找食物的情形，总会清晰地回放，浮现在我的脑海中。

顺便一提，我对芒果一点也不感兴趣。与我同住的二儿子夫妇最爱吃芒果，每次他们吃得津津有味时，我都没有丝毫想吃一口的念头，不知道自己为什么对芒果一点兴趣都没有。下次得认真考虑一下，大脑是如何产生对某种食物的欲望的。

夏日回忆

（2016 年 9 月 24 日）

今年夏天，我的好朋友、韩国男高音歌唱家裴宰彻在东京初台的东京歌剧城举办音乐会。除了他动人的演唱，我也会在音乐会上演讲。裴宰彻先生因患甲状腺癌失去了声带，但他通过手术，奇迹般地找回了抚慰人心的歌喉，音乐生涯居然得以延续。

音乐会正逢日韩邦交正常化 50 周年纪念，作为与邻国增进友谊的活动，我向宫内厅 ① 提出申请，最终，我们的愿望得以实现。

音乐会的最后一个节目是裴宰彻先生无伴奏演唱由我作词、作曲的《爱之歌》。我情不自禁地从二楼的

① 宫内厅是日本专门负责皇室成员活动安排的机关。

——译者注

座位上站起来，看着裴宰彻先生开始指挥。

我指挥的样子被投影到舞台正面的大屏幕上。我太紧张了，当时感觉这首歌的演唱时间比平时更长。

演出非常成功，在即将迎来 105 岁生日的这个夏天，我又给自己创造了一段永生难忘的珍贵记忆。

　　"礼仪"不仅指举止和礼貌，还代表"一个人的做事方法、风格、作风"。我每天都反复试验不同的礼仪和风格，凸显自身魅力，希望呈现一种令人信赖的风格，端端正正地站在别人面前。这样努力，接触的人也一定会善意地接受这种一贯的"风格"。

　　岁月就这样飞逝而过，我还没来得及认真地

跟妻子道歉，她就永远地离开了我。

有些人觉得"上了年纪后，吃肉对身体不好"，可如果只吃蔬菜，又无法摄取人体所需的蛋白质。所以，我一定会吃鱼或肉，但只吃没有太多肥肉的部位，这与肉的价格没有关系。我认为营养均衡、美味可口才是最重要的。

第五章

105 岁，顺其自然好好活

（2016年10月4日—2017年7月18日先生去世）

根据日野原重明先生书房中的记录统计

当天往返的演讲　14 次

需要外宿的演讲　0 次

海外出差　　　　1 次（中国 2 日行）

新添辅助工具　　可抬腿、后躺的康复护理型轮椅

在日野原重明先生 105 岁生日那天，他写的《我是个顽固的孩子》一书出版。这一年，先生因为演讲等工作经常外出，到 11 月底前一直很忙碌。从 12 月开始，先生的身体每况愈下，不得不取消了需要出差的工作。新年前后，先生因为不小心绊倒和肺炎两度入院。病情稳定后，先生就立即申请出院，在家疗养康复。

　　先生继续为两个常年连载的专栏撰稿，并接受越来越多的记者登门采访。一旦开启工作模式，先生立刻变得精神抖擞、斗志昂扬。加拿大的鲍曼女士[1]一直非常欣赏日野原先生，两人共同撰写出版了《日野原重明论领导力》一书。先生因为"终于实现了和鲍曼女士的约定"而欣喜不已。

　　先生在随笔里提到，活到 105 岁时，才真正感受到老之将至。文章还提到，先生一直保持积极的生活态度，认为奋战至生命的最后一刻依然能有"新的发现"。

　　从 5 月底开始，先生大部分的时间在病床上度过。先生对《任我前行》专栏及一直喜爱、支持他的读者们

致以最真挚的问候。在口述完所有的心愿后，他脸上终于露出了安心的表情。

几周后，也就是 7 月 18 日的清晨，先生就像睡着了一样，平静地开启了他的天国之旅。

登上生命的宝船

（2016 年 10 月 1 日、8 日）

10 月 4 日是我 105 岁的生日。我出生时体重为 1 贯 200 匁[①]，一般来说，超过 4 千克的婴儿算是巨大儿。听说我幼儿期体形也比较胖，身材像西乡隆盛[②]那样。依照现代小儿医学的观点，肥胖儿患有生活习惯病的风险很高，应该引起重视。虽然我小时候是肥胖儿，却也迎来了 105 岁的生日。

向读者们汇报一下最近的健康状况。我经常记不住人名和地名，想不起自己的眼镜和手机放在哪里，常常误解别人，自以为是……因此，招惹了越来越多

[①] 贯和匁是日本江户时代的重量单位，1 贯等于 1000 匁。1 贯相当于 3.75 千克。

——译者注

[②] 日本明治维新领导人之一。

——译者注

前所未有的麻烦。我的家人尽心照顾我，不过，换衣服、洗脸、淋浴、泡澡等事情，我都尽量独立完成。所以，我能够挺起胸脯自信地说："我还行！"

回顾104岁这一年，我坐着轮椅，在新老人会全国各地分部演讲，在医学和护理学会会议上发言，度过了忙碌而充实的一年。10月4日之后，我在记事本上记下好几项新的工作计划，我认为适度的紧张感能让人保持良好的状态。

现在，很多人都会为我送上生日祝福，这真是让人陶醉，我深深感叹"此生何其有幸"。从另一个角度来说，我也在问自己"我这一生真的幸福吗"。我似乎应该放慢脚步，认真思考一下这个问题。

"想要活得更长久"就是我的真心话。大家可能认为这是再自然不过的"欲望"。不过，安静地思考，我们作为人，"好不容易被赋予了生命，理应竭尽所能坚持到生命的最后一刻"。这便是我在"生命课堂"中向10岁左右的孩子们反复呼吁"将生命赋予的时间尽可能地用于扶助他人"的原因。我认为我更应该以身作则，因此，活得越长久，我创造的意义就越大。

我日思夜想，就在前几天，我的脑海中突然不可思议地浮现一幅具体的画面：我乘着生命的宝船在大海上航行。

头脑中的画面如实地反映了我现在的心情。这艘船没有强劲的动力，装载的财物也很少，可就在这种像用大扇子扇出来的微风之下，船以足够的动力安安静静地在大海中缓慢前行。坐着这样的船出海，崭新的世界就会出现在我眼前。即便有狂风巨浪在前面等待我，我依然感觉像是满载金银财宝一般心满意足。直到今天，我一直带着这样的心态在大海中乘风破浪。

在电视上观看里约热内卢奥运会和残疾人奥运会时，我急切地盼望着 2020 年东京奥运会早日到来。如果我能活到那个时候，我就 109 岁了。据报道，截至 2016 年，日本最长寿的女性是居住在鹿儿岛的 116 岁的田岛奈美女士，最长寿的男性是生活在东京的 112 岁的吉田正光先生。① 比我年长的前辈们依然健在，这对我是极大的鼓励。

我认为日本之所以能够成为长寿之国，不仅仅依靠日本医疗技术的发展，各种健康管理相关信息的普

---

① 田岛奈美女士于 2018 年 4 月 21 日去世，享年 118 岁。吉田正光先生于 2016 年 10 月 29 日去世，享年 112 岁。

及和推广也至关重要。从 1950 年开始，东京国立第一医院内科主治医生小山善之先生以及在圣路加国际医院内科担任主治医生的我，一直致力于推动身体健康检查在日本的普及与发展，旨在让所有人在没有任何症状的时候就进行全身精密检查，尽早发现体内的疾病隐患。随着医疗设备的进步，现在的检查愈发方便快捷，只需半天时间就能完成全身检查。

尽管如此，像我这样的高龄，仅仅依靠与正常值或平均值比较，是无法准确判断健康状况的。全身健康检查的参考数值主要针对那些正值壮年、年富力强的人群。那么，我现在到底应该通过什么方法了解自己的身体状况呢？说白了，是通过"感觉自身健康"的方法，让真实感受发挥"身体信号"的作用。换句话说，人需要敏锐地感知自身状态，以此来了解自身的健康状况。想要判断准确，只有靠自己平时多加警觉和仔细观察。

作为一名医生，我现在深有感触，与其过分在意身体的数值健康，倒不如想想每天如何保持健康的心态。也就是说，宝船能否继续航行，取决于我这个水手 104 年的人生航海直觉，凭借过去的经验，即使只借助一缕微风，也能推动这艘宝船在大海里一如既往，勇往直前。

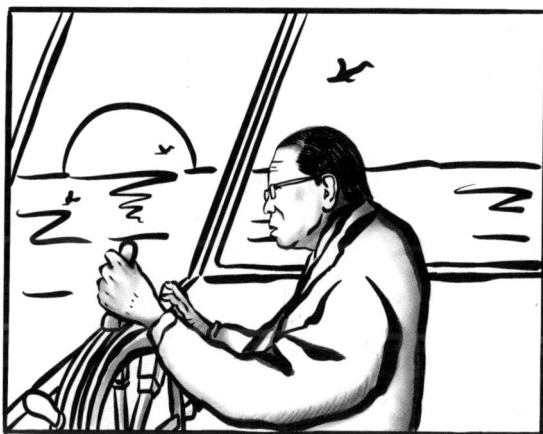

我乘着生命的宝船在大海上航行。

小重和小美

（2016 年 10 月 29 日、11 月 5 日）

　　我来讲讲 2016 年 10 月 4 日我 105 岁生日当天发生的事情。晚上，家人们欢聚一堂，为我庆祝生日。大儿子夫妇、二儿子夫妇都来参加，小儿子因为工作关系赶不回来，他的妻子作为代表专程从美国赶回来庆祝。除此之外，还有一个人也在，她是我 98 岁的妹妹多美子。我们兄妹的年龄加起来有 203 岁。

　　我在家里六兄妹中排行老三，是家里的次男。我有一个哥哥、一个姐姐，还有一个弟弟、两个妹妹。从大哥出生的 1907 年到最小的妹妹多美子出生的 1918年，这 11 年间，母亲共生育了 6 个孩子，可想而知，母亲是多么含辛茹苦才把我们抚养成人。而且，母亲还要协助父亲工作。鲛岛盛隆先生当时还是关西学院的学生，经常来我家做客，后来他编辑了父亲的随笔集《生命的回响》。书中详细描述了当时家里的情形：

我们兄妹六人吵吵闹闹，像翻滚着的小芋头一样，在家里的地板上放肆地滚来滚去。

现在，六兄妹中在世的只剩下我和最小的妹妹了。很幸运，我妹妹住的地方离我家只有 15 分钟左右的路程。有时她会顺路来我家玩玩。每次妹妹来的时候，我立刻变成了幼时那个"小重"，妹妹也一起变成了"小美"。

我结婚那年是 1942 年。多美子在第二年的 4 月完婚，她在婚礼上穿的不是婚纱，和我妻子结婚时一样，她结婚时也穿着白无垢和服①。在婚宴上，妹妹穿的是母亲为她准备的留袖和服②，她没有梳传统婚礼发型，而是梳着西洋发型出嫁。婚后，我们还像一家人一样生活。

妹妹多美子是家里最小的孩子，所以从小受到父亲特别的疼爱。父亲经常会让妹妹帮他拔白头发，一

---

① 和服的一种，在日本的婚礼上可作为新娘的礼服。

———译者注

② 最初，在江户时代，女性结婚后会把年轻时穿的和服裁短袖子，黑色留袖和服只能由已婚女性穿着。

———译者注

直到她结婚前，妹妹都是和父母住在一个房间，三个人在榻榻米上摆成"川"字那样睡觉。

在我们家的新房子盖好之前，我们夫妻俩、妹妹夫妻俩以及我们的孩子们，同父母住在一起。现在回想起来，当时家里的厨房、厕所和浴室都只有一个，居然能容纳那么一大家子人。因为我与妹妹结婚时间接近，所以孩子们也同龄，他们从小就像亲兄妹一样相处。

妹妹有 3 个孩子，98 岁的她喜欢一个人自由自在地生活。有时她的女儿会来帮忙，但是她一直坚持独自生活。

妹妹曾在父亲任职的学院就读。她在母亲的建议下主修了家政学，可能是因为母亲想把女儿培养成贤妻良母吧。我妹妹擅长做料理，现在偶尔也会做些家常菜带来我家与我一起品尝。

也许是因为我的年龄跟妹妹相差较大，我不太记得小时候和她一起玩耍的情形，只清晰地记得父亲特别喜欢这个最小的妹妹。妹妹是一个勤奋努力的人，如果一件事别人会努力尝试 100 次，那么妹妹一定会努力尝试 200 次，所以我一直觉得她很了不起。

虽然有着同样的父母，但基因组合真的很神奇，我们两兄妹的性格、外貌完全不同。不过，用他人的眼光看，我们还是有很多相似之处的。妹妹说，我说话时，身形、相貌简直跟父亲一模一样，特别是我说话时的小动作，简直与父亲如出一辙。

最近，我的妹妹开始耳背了，有时候即使听不清楚电话里的声音，她仍然会回答"嗨，嗨"，于是我写下这首俳句：

"耳背妹妹九十八，

却总说'嗨，嗨'。"

我的编辑感到不安，担心这样写"兄妹会因此反目"。哈哈，完全不用担心。妹妹的生日也在 10 月，作为"顺应自然"还健在的兄妹，我们今后还会继续携手，一起活下去。

健康的生活习惯大公开：
吃香蕉和写日记

（2017 年 1 月 14 日）

　　最近，我经常会听到"长期失眠""家人很难吞咽食物"这类烦心事。我想分享一下我一直坚持的两种健康的生活习惯。我非常幸运，每次一躺到床上，身体会立刻放松下来，我基本上不做梦，会一觉睡到大天亮。早上，在家人提醒"到该出发的时间了"后，我才会很无奈地从床上爬起来。吃早餐、做好出门的准备，一气呵成，不用花费太多时间。

　　我在早餐时吃香蕉的习惯已经保持很长时间了。碰上比较硬的、不好吞咽的食物，我都会先吃香蕉、喝牛奶润润喉咙，之后，那些难以下咽的食物就像被施了魔法一般能很顺滑地被我吞进肚子里。过去，岳父在贸易商社工作，他每次去国外出差时，都会给我买香蕉当作礼物。我从小就喜欢吃香蕉，从前香蕉算是奢侈品，但现在它是"任何时候、任何地点都方便购买，价格便宜实惠，食用简单方便的易咽食品"，所以我推荐大家多吃香蕉。我专门将一个香蕉架放在厨房里，上面总是挂着香蕉。

我喜欢吃新鲜的香蕉。一定要在香蕉刚刚泛金黄色的时候品尝，当香蕉皮出现黑色斑点时，就表示香蕉"有点熟过头了"。

去年，在一次聚会上，我和酒店的员工沟通："这是我难得参加的一次聚餐，但有些食物对我来说有点难以吞咽，如果有香蕉就好了。"令人惊讶的是，才过去25分钟，服务员就想办法把香蕉送到了我的餐桌上。吃了香蕉后，其他本来难以吞咽的食物变得很好吞咽了。

工作人员的体贴和关怀令我非常感动。当天晚上，我就把这件事情记录在了日记里。我每天都会把身边发生的正向的、鼓舞人心的事情记在日记里，睡觉前会反复回忆这些温馨的画面。除了这种日常小片段，像"日本男足国家队2：1战胜沙特阿拉伯球队"这样的盛事，我也会在日记本里记录。这样，观看电视比赛时的幸福感会在我的记忆中重复出现，我会带着这种积极向上的感觉安然入睡。

与此相反，临睡前我绝不会让自己被第二天的工作或烦心事困扰，然后带着不安的情绪进入梦乡。

　　"影像训练"对于想要获得放松身心的优质睡眠的人而言格外重要，我强烈建议失眠的人试着培养这种入睡习惯。

吃年糕时的建议

（2017 年 3 月 14 日）

年糕好吃，但吞咽起来有困难，这一次，我想谈谈吃这类食物的感受。根据《朝日新闻》生活专栏中的一篇报道，从 2006 年 12 月底到 2011 年的 5 年间，东京消防厅管辖范围内就有 562 人因喉咙被年糕堵住而紧急呼救，其中 90% 是 65 岁以上的老人。高龄者的吞咽能力比大家想象的要差很多，所以饮食需要非常小心。

可以这样比较一下，年糕和香蕉正好相反，年糕的黏性和嚼劲使它具有很好的口感，但这也是堵住喉咙的主要原因，会给吞咽带来麻烦。我从小就非常喜欢吃年糕，现在因为害怕堵住喉咙，吃得比以前少多了。但上了岁数的人容易任性，有时候就想吃些不太适合老年人吃的食物。我吃年糕的时候，会把它切得像棋子一样大，然后小心地吞咽下去。作为医生，我建议特别想吃年糕的高龄者用这样的方式吃年糕。

"一片片切好，
我想吃年糕。
提心吊胆。
年糕虽好，
呼叫救护车不好，
务必慢慢吞。"

这是今年新年与家人欢聚一堂吃煮年糕时，我以我吃年糕的情形和心情为主题，即兴吟咏的一首俳句。这首俳句也算是庆祝新的一年、新的开始。我小心谨慎地慢慢品尝年糕。在我吃年糕的时候，家人们不敢有丝毫疏忽，都一直盯着我的嘴巴。

顺便一提，我的家乡山口县也有新年吃年糕的习俗。每当我想起小时候一家人围在一起品尝当地特有的大大的圆形年糕时，幸福感就会涌上心头。成家后搬到东京，元旦时吃的年糕变成了关东特有的方年糕。不知道是不是因为粮食短缺，我总感觉关东的方年糕比关西的圆年糕小不少。

也许是为了避免吞咽不当带来的危险，或者是因为方形年糕更好切，总之，这个冬日，眼前这块小小的年糕勾起了我跨越百年的回忆，我用自己105岁的舌头和喉咙，慢慢地品尝，慢慢地吞咽。

摔跤导致胸骨骨裂

（2017 年 3 月 18 日）

人们告诉我，随着年龄的增长，探索陌生的地方、结交陌生的朋友会变得越来越困难。为此，我担任会长的新老人会组织了各种各样的活动，大力支持老年人结交新朋友。一项有趣的活动就是 M 老师举办的草裙舞会。舞会上，女性会员会在绚丽多彩的舞台上展现她们平时练习舞蹈的成果。她们身上穿着草裙，脖子上戴着花环，舞姿优美动人，每次都得到大家热烈的喝彩。

M 老师是我的一位老朋友，她在一所学校担任数学教师，一直工作到退休。用现在的流行语讲，我们可以称她为"理科女"。2016 年圣诞节的时候，M 老师在家里的停车场摔倒了。她当时的第一反应就是护住自己的脸，但她的胸部受到猛烈撞击，导致肋骨骨折，疼痛持续了两个星期左右。我去医院看望她时，一向充满活力的她告诉我："做任何动作，包括呼吸、咳嗽，甚至连笑一下都会引发剧烈的疼痛。不能躺下，只能一直坐在床上入睡。"我感同身受，因为在 1 月的某天，我像往常一样准备站起来去洗手间，没想到身体一下子失去了平衡，被旁边的椅子绊倒，椅子被拽倒在地的同时，我的胸部受到了严重的撞击。我缓慢地活动身体，能感觉到疼痛。后来在忧心忡忡的家人的陪伴下，我去医院检查，医生说我的胸骨部位出现了骨裂。

到了晚上，我的疼痛感愈发厉害。我抱着枕头，像虾米一样弯曲着身体，一动不动，感觉这是相对舒服的姿势。所以当我听到 M 老师的讲述后，一个劲儿地点头回应："对，对，对，就是那样！"M 老师只花了两个星期便慢慢恢复了。我 105 岁了，恢复速度自然更缓慢，休养了四个星期才完全感受不到疼痛。

大约 10 年前，有一次我上电视节目，亲自演示过一种高明的摔倒方式，就是倒下时要尽量蜷起身体。M 老师因为平时一直练习草裙舞，身体反应比一般人更敏捷，所以并无大碍。未雨绸缪很重要，但不要只想着如何预防跌倒，还应该做好紧急预案，来应对突如其来的事故。

住院和居家静养日

（2017 年 6 月 10 日）

　　我写这篇随笔时，发现外面的树木郁郁葱葱，庭院里的绿色愈加浓烈。昨天，在二儿媳妇的指挥下，大家清理了户外的杂草，在花坛里种下了五颜六色的秋海棠。红玫瑰也忙着准备盛开。在夏季充足的日照下，庭院到处焕发着勃勃生机。我被植物的生命力所吸引，即使盯着它们看上一整天，也不会感到疲倦。

　　其实，2017 年 3 月中旬，我突然觉得身体不适，便被送入圣路加国际医院。这次我并没有像往常一样迅速康复，但我仍强烈要求："如果需要长期疗养护理，我想在家休养。"于是，一周后，我就出院回到家中。

　　在二儿媳妇的精心安排下，疗养床被放置在可以眺望家中庭院景色的地方。我开始在家疗养，同时与圣路加国际医院远程访问护理站保持密切的联络。刚出院时，我没有食欲，什么也吃不下，在家人细心的护理下，我慢慢开始恢复饮食。出院两个月后，我的饭量慢慢增加，常吃香蕉、西蓝花、西红柿、粥等易于消化的食物。

放下腿时，血压会很快降下来，所以我不再坐普通轮椅。自从有了可抬腿、后躺的康复护理型轮椅，我可以保持像在沙发上放松时的姿势，并且可以在家里四处移动。我最喜欢待在客厅落地窗前，因为从那里可以看到外面的庭院，还能看到庭院里高高的大树背后静静立着的石灯笼。我听说那个石灯笼已经有好几百年的历史了，但很遗憾，当时并没有好好听妻子说它的详细来历。

身体状况好转，我想应该可以开始做康复训练了。圣路加国际医院骨外科的黑田荣史医生亲自来家里，帮我缠好腰带，让我试着自己站起来。虽然我感到有些头晕，但仍想尽快摆脱腰带，自行站立。

应接不暇的国内外访客、新书出版的洽谈……忙碌的生活又回来了。看着庭院里树木的叶片随着风摇曳轻舞，我由衷地怀着对生命的感激之情，慢慢地闭目养神。

致读者最后的留言

（2017 年 7 月 29 日）

2002 年 10 月，我 91 岁。那一年，我开始写《任我前行》专栏。2000 年，我在担任圣路加国际医院理事长一职时创办了新老人会，于第二年出版了《生活的艺术》一书，这本书一举成为销量突破 120 万册的畅销书。那时，为了让大家理解"新老人"这一概念，我努力成为大家心目中的"新老人"典范，为此，我每天全力以赴，立志做好表率。我加速踩"油门"，全速运转，想让我的老年生活更加丰富多彩，成果卓著。

我把每天全力奔跑的状态向读者们报告，我的专栏以这种形式发表，一直持续到现在。专栏能持续这么久，与一路陪伴、支持我的热心读者们分不开。在此，我想对你们表示由衷的感谢，并且向你们做最后的告别。真的非常感谢你们这一路温暖的陪伴。

我这一生在国内外四处奔波，但我心中的故乡永远是圣路加国际医院。就如同主治医生新沼先生穿着印有我肖像的运动衫成功跑完东京马拉松后回到圣路加国际医院一样，对我来说，无论身在何处，这里就是我心之所属。骨外科的黑田医生在我腰上缠辅助腰带时，一边大声地鼓励我，一边想方设法让我重新站起来。曾多次为我检查身体的普通内科的有冈医生、山内医生夫妇、水野医生、古川医生，包括上门护理的工作人员，当然还包括接替我工作、负责继续管理圣路加国际医院的福井院长，是你们一直帮助我走到生命的最后一刻，谢谢你们了。

家中的庭院里撒有一些妻子的骨灰，我想让亡妻静静地安眠于此。以我的名字命名的深红色玫瑰"绯红日野"和以我妻子的名字命名的淡奶油色玫瑰"微笑静子"，现在正在长野县中野市的一本木公园里盛开。我想，接下来的日子，紫阳花会美丽地盛开。紫阳花是圆形的，形状像球，所以我给它起了个"花球"的昵称。望见它绿色的花骨朵一天天地膨胀，我期待花球绽放、色彩缤纷的那一天。现在，就此结束吧。

以我的名字命名的深红色玫瑰"绯红日野"和以我妻子的名字命名的淡奶油色玫瑰"微笑静子"，现在正在长野县中野市的一本木公园里盛开。

重明语录

　　适度的紧张感能让人保持良好的状态。

　　人需要敏锐地感知自身状态，以此来了解自身的健康状况。

　　作为一名医生，我现在深有感触，与其过分在意身体的数值健康，倒不如想想每天如何保持健康的心态。

我每天都会把身边发生的正向的、鼓舞人心的事情记在日记里，睡觉前会反复回忆这些温馨的画面。与此相反，临睡前我绝不会让自己被第二天的工作或烦心事困扰，然后带着不安的情绪进入梦乡。

　　未雨绸缪很重要，但不要只想着如何预防跌倒，还应该做好紧急预案，来应对突如其来的事故。

附录

日野原先生的一生

《朝日新闻》文化生活报道部　寺下真理加

我成为日野原先生撰写的专栏《任我前行》的责任编辑是从 2012 年 1 月开始的。不好意思，这里说一件我的私事。在那之前，东日本大地震之后，不知道怎么回事，我每天都心情低落，动不动就泪流不止；要不就是走路走得好好的，突然腿发软一屁股坐在地板上无法起身（这里暂时称这种病为"软膝病"）。为此，我被迫停下手头的工作，休养了约半年的时间。

身体恢复后，我重新投入工作。不久，我就接到了负责编辑专栏《任我前行》的工作任务。我采访 100多岁的日野原先生，编辑他的随笔，其中充满智慧和积极向上的人生态度，一下子把 30 多岁的我所患的"软膝病"治愈了。

2016 年深秋的一天，我在先生家里谈专栏的工作，不经意间提到了自己的"软膝病"。先生问我："你当了我 5 年的专职编辑，怎么一直没听你说过呢？"过了一会儿，先生突然对我说："但是，你今天告诉我了。所以呀，今天是你走出的第一步。恭喜啊！"

2017 年 7 月 18 日，我为先生撰写悼词，心里仍然无法相信先生已经离开人世这个事实。第二天早上，我在家里从头到尾读了一遍写好的悼词。照片里的先生满脸笑容，仿佛在对我说："今天是你走出的第一步。恭喜啊！"我仿佛能听到先生的声音，前日好不容易忍住的眼泪哗地流了下来。

一直支持我、帮助我的先生，到底深受哪些人的爱戴呢？带着这样的疑问，今年 1 月我写了一篇先生上下班路上的故事。通过采访，我重新见识了日野原先生身为丈夫、父亲、领导的"本色"。先生平时与家人、朋友相处时，总是不动声色地温暖着对方，在不知不觉间传递着安慰和疗愈的力量。先生以一颗宽容的心给周围人带来能量，也以此获得了更大的勇气和力量。

从 2002 年开始就一直坚持为《朝日新闻》《任我前行》专栏撰稿的医生兼随笔作家日野原重明先生于 2017 年 7 月去世，享年 106 岁。在专栏连载的最后 5 年，我作为日野原先生的责任编辑，曾经多次被先生"严格的自我要求"惊讶到说不出话来。

我不仅要在圣路加国际医院的护理病房巡诊，还忙于演讲和支援东日本大地震灾区的活动，在全国各地四处奔波。即使在往返途中，我仍不能休息，忙着浏览资料，撰写随笔。因为过度劳累，我经常感觉身体不适，有时还会做噩梦。尽管如此，我还是坚持"终生工作"。

我乘车时坐的后排座位被称为"奔跑的书房"。从东京田园调布区的家中前往筑地市场附近我工作的医院的路上，我的膝盖上放着下面有垫子的"膝上型书桌"，这样一来，我可以随时在稿纸上写作。

随着一路景色的快速变化，我的创作欲望也愈加强烈，便随口吟咏一句："102岁的速度狂，年龄忘光光。"

我是从1964年开始进入"奔跑的书房"的。因为工作忙碌，我没时间去驾校学习，反而是我太太静子在做家务和照顾孩子的同时，利用空闲时间开车送我上下班，协助我工作。

我开始是坐电车上下班：先从田园调布站坐东急东横线到涩谷站，然后再转地铁银座线到新桥站下车。

后来，工作量增加，我觉得可以利用上下班的时间办公，所以开始坐出租车通勤。二儿子直明那时还是一名高中生，他说："妈妈沉静内敛，也不善于交际，她决定去驾校学驾驶真的让我大吃一惊。估计是因为家庭开支太多了，妈妈想着帮爸爸开车的话，能省下出租车的费用。"

一开始，我在车上时用的工具不是"膝上型书桌"，而是录音机。我用录音机把随笔内容先录制下来，然后静子带回家，一边听录音，一边把随笔誊写出来。

妻子开车比较小心谨慎，有时会让性急的我焦躁不安。2016年2月，在专栏《任我前行》中，我以"没能对妻子说声'对不起'"为题写了一篇文章。里面这样写道。"一天早上发生了一件事情。那天不走运，我因故耽搁了些时间，出门晚了，眼看要错过实习医生的巡诊了。我在车辆拥挤的路上心急如焚，一次又一次地强烈要求妻子加快速度。妻子总是无法超车，我气急败坏，执意让妻子在环八大道和中原街的十字路口处把车停下来，然后我一言不发地坐上一辆路过的出租车，自行前往筑地。被抛下的妻子只得在巡警的引导下，被迫将车停在路旁，过了很久才沿着环八大道返回家中。"

那天晚上我回到家，对于早上发生的事，妻子没有责怪我，但我也没有向妻子道歉。

岁月悄然流逝，静子于2013年去世。日野原先生这样总结道："那天早上，外表沉静、内心坚强的妻子肯定非常不安，心里充满愤怒和委屈。每当我回想起这件事的时候，心中就像打翻了五味瓶一样百感交集。这件事至今盘桓在我心头，留下一道永远无法愈合的创伤。"

除了这种心碎的回忆，还有后来成为全家人笑柄的一段有趣往事。

1966年暑假，静子开车带全家去轻井泽，日野原先生坐在副驾驶的位置，明夫、直明、知明三兄弟坐在后排座位上。途经群马县，从高崎到碓冰岭都是山路。第一次在山路上驾驶的静子在急转弯时，好几次都是在快撞上护栏时才转动方向盘。"啊""危险"的声音不绝于耳。好不容易走完了山路，一家人终于松了一口气。"父亲这时发现自己一直紧握着的拳头。他松开手指后才发现银箔纸包着的三角形奶酪被捏得粉碎。因为惊吓过度，父亲完全忘了吃东西这回事。"直明先生一边笑一边说。

几年后，儿子们陆续拿到驾驶执照，都可以为日野原先生开车了。静子终于从司机的工作中解放了。

104岁的冬天，日野原先生在写下对亡妻的歉意后，"奔跑的书房"开始减速运转。知道自己患有主动脉瓣狭窄症后，他开始使用轮椅，并减少了讲座和其他的工作。先生说："我想再看看静子每天接送我上下班时那条路上的景色。去的时候经过石川台的十字路口，回来时从目黑下来就是目黑大道了。"先生生前的司机伊藤力和随行人员斋藤寿明听到先生这个请求后大吃一惊，因为他们眼中的日野原先生一直是"恨不得以最快的速度赶往目的地，而现在先生却花时间追忆往事"。他们说日野原先生"这几十年以来，在车上全神贯注地工作，连打瞌睡的时间都没有"。

作为日野原先生的专属司机，伊藤先生对此一直引以为傲，他是这样描述先生的："我的老板非常了不起，他是一位 100 多岁、每天争分夺秒处理繁忙公务的人。""比先生年轻的我也不能认输哦。"伊藤先生一向以此激励自己。日野原先生曾经这样评价伊藤先生："我已经完全习惯了伊藤先生的驾驶技术，他既能确保安全又能高速驾驶，所以碰到开得很慢的出租车司机时，我会很不习惯。"先生的评价让伊藤先生十分高兴。

斋藤先生曾是医院职员，他说："日野原先生就像富士山一样。从近处看，他首先对自己的要求比谁都高，对周围人的工作要求也很严格。先生如同岩石一般坚毅，经得起风吹雨打。他年复一年，日复一日，踏实努力地工作。"即使出差的地点很远，先生也尽量坚持当天往返。他在工作和人际交往中，首先考虑能否"帮助身边有困难的人"。即使主办方为他提供东京巨蛋体育馆巨人战的特等座位，他也会以"我还有工作要处理，而且还要回家和家人一起吃晚饭"为理由，观看 30 分钟左右就匆匆回家。

日野原先生"严格的自我要求"缘于他在淀号劫

机事件中从人质变为幸存者。从那一刻起，他决定竭尽全力帮助他人。当时静子在写给那些关心丈夫安危的人的感谢信中提到，"希望将来的某一天在某个地方，我们能把这份恩惠奉献出去"。据当时还是大学生的直明先生透露，"读了母亲那篇文章后，父亲深受感动，说'妻子比我还要信仰坚定'"。"正因为父亲尊敬母亲，所以对没能道歉这件事耿耿于怀"。那么，在上班路上发生这一"事件"的当晚，静子为什么没有责备日野原先生呢？

对此，西弗先生这样分析："我认为夫人早已经在心中原谅了先生。认错并道歉确实很重要，先生正是通过这篇文章对已逝的妻子公开认错并道歉。"

先生！您真是太好了。